用于国家职业技能鉴定

YONGYU GUOJIA ZHIYE JINENG JIANDING

国家职业资格培训教程

GUOJIA ZHIYE ZIGE PEIXUN JIAOCHENG

家用电器产品维修工

（初级）

编审委员会

主　任　刘　康

副主任　张亚男

委　员　（以姓氏笔画为序）

于　平	王光玉	尹晓霞	卢立伟	华泽珍
刘占杰	李元超	李宇青	李金钊	李　雪
杨　丽	杨波云	初　航	张　伟	张晓峰
陈　蕾	周泽山	宗兆盾	房　琳	赵有信
赵经春	柳春玉	段伟伟	姜华宾	袁有杰
袁喜国	徐立山	覃庆良	潘庆丰	

编审人员

主　编　尹晓霞

副主编　华泽珍　李元超　杨波云

编　者　赵有信　刘占杰　袁喜国　李　雪　王光玉

　　　　柳春玉　潘庆丰　宗兆盾　周泽山　房　琳

主　审　赵有信

中国劳动社会保障出版社

图书在版编目(CIP)数据

家用电器产品维修工：初级/中国就业培训技术指导中心组织编写. —北京：中国劳动社会保障出版社，2013

国家职业资格培训教程

ISBN 978-7-5167-0377-9

Ⅰ.①家…　Ⅱ.①中…　Ⅲ.①日用电气器具-维修-技术培训-教材　Ⅳ.①TM925.07

中国版本图书馆 CIP 数据核字(2013)第 142823 号

中国劳动社会保障出版社出版发行

(北京市惠新东街1号　邮政编码：100029)

出 版 人：张梦欣

*

中国标准出版社秦皇岛印刷厂印刷装订　　新华书店经销

787 毫米×1092 毫米　16 开本　16.5 印张　285 千字

2013 年 7 月第 1 版　　2021 年 4 月第 4 次印刷

定价：36.00 元

读者服务部电话：(010) 64929211/84209101/64921644

营销中心电话：(010) 64962347

出版社网址：http://www.class.com.cn

前　　言

为推动家用电器产品维修工职业培训和职业技能鉴定工作的开展，在家用电器产品维修工从业人员中推行国家职业资格证书制度，中国就业培训技术指导中心在完成《国家职业技能标准·家用电器产品维修工》（2009 年修订）（以下简称《标准》）制定工作的基础上，组织参加《标准》编写和审定的专家及其他有关专家，编写了家用电器产品维修工国家职业资格培训系列教程。

家用电器产品维修工国家职业资格培训系列教程紧贴《标准》要求，内容上体现"以职业活动为导向、以职业能力为核心"的指导思想，突出职业资格培训特色；结构上针对家用电器产品维修工职业活动领域，按照职业功能模块分级别编写。

家用电器产品维修工国家职业资格培训系列教程共包括《家用电器产品维修工（基础知识）》《家用电器产品维修工（初级）》《家用电器产品维修工（中级）》《家用电器产品维修工（高级）》《家用电器产品维修工（技师 高级技师）》5 本。《家用电器产品维修工（基础知识）》内容涵盖《标准》的"基本要求"，是各级别家用电器产品维修工均需掌握的基础知识；其他各级别教程的章对应于《标准》的"职业功能"，节对应于《标准》的"工作内容"，节中阐述的内容对应于《标准》的"技能要求"和"相关知识"。

本书是家用电器产品维修工国家职业资格培训系列教程中的一本，适用于对初级家用电器产品维修工的职业资格培训，是国家职业技能鉴定推荐辅导用书，也是初级家用电器产品维修工职业技能鉴定国家题库命题的直接依据。

本书在编写过程中得到青岛职业技术学院、青岛市海尔集团、青岛三维制冷空调有限公司、青岛市职业技能鉴定中心等单位的大力支持与协助，在此一并表示衷心的感谢。

中国就业培训技术指导中心

目 录

CONTENTS 国家职业资格培训教程

第1章 工作准备 ·· （1）

第1节 维修基础 ·· （1）

学习单元1 家用电器的分类及型号 ···················· （1）

学习单元2 家用电器的维修与维护政策 ················ （12）

第2节 接待客户 ·· （16）

第2章 家用制冷器具维修 ·· （23）

第1节 电气系统维护 ·· （23）

第2节 制冷系统维护 ·· （30）

学习单元1 家用制冷器具制冷原理 ···················· （30）

学习单元2 清洗家用制冷器具蒸发器 ················· （40）

学习单元3 清洗家用制冷器具冷凝器 ················· （46）

学习单元4 处理家用制冷器具通风散热问题 ·········· （49）

学习单元5 家用制冷器具蒸发器化霜 ················· （52）

第3节 其他项目维护 ·· （57）

学习单元1 家用制冷器具疏通排水操作 ·············· （57）

学习单元2 家用制冷器具密封及门间隙调整 ·········· （61）

学习单元3 家用制冷器具内胆、柜口开裂的修复 ······ （65）

学习单元4 家用制冷器具箱体清洗 ···················· （68）

学习单元5 家用制冷器具去除异味 ···················· （71）

第 4 节　维修准备 …………………………………………………（74）

学习单元 1　维修用电气仪表的使用及检查 ………………………（74）

学习单元 2　温度、压力仪表的使用及检查 ………………………（88）

学习单元 3　家用制冷器具维修耗材准备 …………………………（98）

第 5 节　电气系统检修 ……………………………………………（99）

学习单元 1　家用制冷器具的电气安全检查 ………………………（99）

学习单元 2　家用制冷器具控制元件的检查与更换 ………………（110）

学习单元 3　家用制冷器具电气部件的检查与更换 ………………（127）

第 6 节　制冷系统检修 ……………………………………………（134）

第 7 节　交付使用 …………………………………………………（139）

第 3 章　家用空调器具维修 ………………………………………（143）

第 1 节　电气系统维护 ……………………………………………（143）

第 2 节　制冷系统维护 ……………………………………………（146）

学习单元 1　清洗冷凝器和蒸发器的表面污垢 ……………………（146）

学习单元 2　对电动机及传动装置补加润滑油 ……………………（150）

学习单元 3　修复家用空调器管路的保温层 ………………………（155）

第 3 节　其他项目维护 ……………………………………………（158）

学习单元 1　疏通家用空调器凝水排水管、新风管 ………………（158）

学习单元 2　清洗家用空调器接水盘 ………………………………（162）

学习单元 3　拆洗家用空调器过滤网 ………………………………（163）

第 4 节　维修准备 …………………………………………………（166）

学习单元 1　检查家用空调器所需扩管器 …………………………（166）

学习单元 2　检查安全带的性能 ……………………………………（171）

第 5 节　电气系统检修 ……………………………………………（173）

学习单元 1　家用空调器连接线及端子检查 ………………………（173）

学习单元 2　检查更换电源熔断器 …………………………………（177）

第 6 节　制冷系统检修 ……………………………………………（180）

学习单元 1　安装家用空调器 ………………………………………（180）

学习单元2　家用空调器制冷系统运行参数观察 ……………………（192）

第7节　交付使用 ………………………………………………（200）

学习单元1　家用空调器维修、维护情况说明 ……………………（200）

学习单元2　家用空调器维护、维修费用 …………………………（202）

学习单元3　家用空调器的正确使用方法及注意事项 ……………（203）

第4章　家用电动电热器具维修 ………………………………（206）

第1节　维护电气系统 ……………………………………………（206）

学习单元1　紧固家用电动电热器具接线端子 …………………（206）

学习单元2　调试运行家用电动电热器具控制器 ………………（213）

第2节　维护机械部分 ……………………………………………（219）

学习单元1　清洗家用电动电热器具表面的污垢 ………………（219）

学习单元2　对家用电动电热器具运转部件加润滑剂 …………（221）

第3节　维修准备工作 ……………………………………………（225）

第4节　检修电气系统 ……………………………………………（229）

学习单元1　更换温度控制及保护组件 …………………………（229）

学习单元2　检查更换家用电动电热器具安全开关 ……………（238）

第5节　检修机械系统 ……………………………………………（241）

学习单元1　检查更换家用电动器具轴承 ………………………（241）

学习单元2　检查更换家用电动器具减振部件 …………………（244）

第6节　检修其他专用部件 ………………………………………（249）

第7节　交付使用 ………………………………………………（252）

第1章
工作准备

第1节 维修基础

 学习单元1 家用电器的分类及型号

 **学习目标**

➢ 了解家用电器的分类及型号表示方法
➢ 能识别各种常用家用电器，并根据其工作原理进行分类

 **知识要求**

一、家用电器的分类

家用电器是指在家庭及类似场所中使用的各种电器，又称民用电器、日用电器，有时简称家电。随着科技的发展、社会的进步，家用电器的种类越来越多。从小家电如电动剃须刀到电冰箱、空调器等大型家电，家庭中常用的电器多达几十种。

家用电器的分类方法在世界上尚未统一。根据国家标准 GB/T 2900.29—2008《电工术语 家用和类似用途电器》的规定，将家用电器按用途分为 11 大类，包括制冷空调器具、清洁器具、厨房器具、通风器具、取暖熨烫器具、个人护理器具、商用饮食加工器具、保健器具、娱乐器具、花园园林工具、其他器具。按使用方式不同分为便携式器具、手持式器具、固定式器具、嵌装式器具四类。

近年来，国内家用电器行业借鉴国外的做法，把家电分为白色家电、黑色家电和小家电三类。白色家电是指可以减轻人们的劳动强度，改善生活环境，提高物质生活水平的产品，如空调器、电冰箱、洗衣机、部分厨房电器等；黑色家电是指具有娱乐、休闲功能的家用电器，如彩电、音响等；小家电则指的是电热水壶、电风扇、吹风机等小型家电产品。除以上几种外，还有绿色家电，是指在质量合格的前提下，高效节能且在使用过程中不对人体和周围环境造成伤害，在报废后还可以回收利用的家电产品。

本书中的家用电器是指白色家电，按照工作原理对其进行划分，共分为以下三类：

1. 家用制冷器具

家用制冷器具是指利用制冷原理在箱体或容器内产生低温以保存或冷却物品的器具，如电冰箱等。

2. 家用空调器具

家用空调器具是指利用制冷原理调节室内空气温度和湿度的器具，如空调器等。

3. 家用电动电热器具

家用电动电热器具是指利用电动机把电能转变为动能帮助人们减轻劳动强度的器具，或者利用电热元件把电能转变成热能，使人体直接或间接取得热量的器具，如洗衣机、电热水器等。

二、家用电器的型号表示方法

1. 家用制冷器具的分类与型号表示方法

人们在日常生活中所使用的家用制冷器具主要包括电冰箱、电冰柜、饮水机等，如图 1—1 所示。电冰柜作为电冰箱的一种特殊形式，其结构原理与电冰箱相同。这里的饮水机仅包括能提供冷水的具有制冷功能的饮水机，其他饮水机不属于家用制冷器具。

（1）家用电冰箱的分类、型号及结构

a) b) c)

图1—1　家用制冷器具

a）电冰箱　b）电冰柜　c）饮水机

1）家用电冰箱的分类。家用电冰箱根据制冷原理不同分为蒸气压缩式、吸收式、半导体式和太阳能式。目前大部分电冰箱采用的是蒸气压缩式制冷，本书中有关电冰箱的内容均以这一类电冰箱为代表进行介绍。

电冰箱有很多种类型，根据不同的分类方法，通常可以分成以下几种：

①根据用途分类。可分为冷藏箱、冷冻箱和冷藏冷冻箱。

冷藏箱。储藏不需冻结的食品，储藏温度在0℃以上的电冰箱。

冷冻箱。用于储藏冻结的食品，储藏温度在−18℃以下的电冰箱。

冷藏冷冻箱。既有冷藏室，又有冷冻室的电冰箱。

②根据冰箱的门数分类。可分为单门、双门、三门和多门式。

③按冷冻室所能达到的冷冻储存温度分类。可分为以下4个等级：

1星级。冷冻室温度不高于−6℃。

2星级。冷冻室温度不高于−12℃。

3星级。冷冻室温度不高于−18℃。

4星级。冷冻室温度不高于−24℃。

④根据冷却方式分类。可分为直冷式、风冷式、风直冷式。

直冷式。箱体内空气靠自然对流制冷。

风冷式。箱体内空气靠风扇做强制对流制冷。通常情况下也称为间冷式或无霜式。

风直冷式。将上述两种方式结合，一般冷藏室采用直冷式，冷冻室采用风冷式。

⑤根据使用时的气候环境分类。可分为以下四个类型：

亚温带型（SN）。环境温度为10～32℃时可正常工作。

温带型（N）。环境温度为 16～32℃时可正常工作。

亚热带型（ST）。环境温度为 18～38℃时可正常工作。

热带型（T）。环境温度为 18～43℃时可正常工作。

2）家用电冰箱的型号。家用电冰箱的型号由字母和数字构成。按国家标准 GB/T 8059.1—1995《家用制冷器具 冷藏箱》的规定，家用电冰箱的型号表示方法如下：

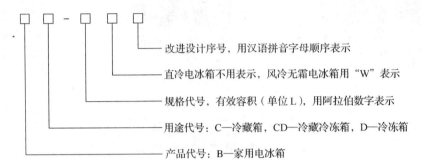

改进设计序号，用汉语拼音字母顺序表示

直冷电冰箱不用表示，风冷无霜电冰箱用"W"表示

规格代号，有效容积（单位 L），用阿拉伯数字表示

用途代号：C—冷藏箱，CD—冷藏冷冻箱，D—冷冻箱

产品代号：B—家用电冰箱

例如，BCD—160WA 型表示家用冷藏冷冻箱，风冷式，有效容积为 160 L，经第一次改进设计。

3）家用电冰箱的结构。家用电冰箱的外形多种多样，但主要结构大致相同，一般均由箱体、制冷系统、电气系统等几个部分组成，如图 1—2 所示。

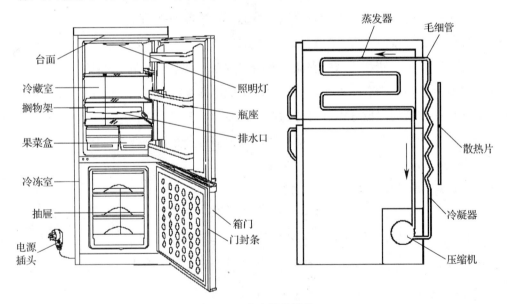

图 1—2　电冰箱的结构

箱体由外壳、内胆、保温层、箱门、门封条及台面等部分组成。制冷系统由压缩机、冷凝器、节流装置和蒸发器组成，通过管路连接在一起，形成封闭的系统。制冷剂在系统内循环流动，实现制冷功能。电气控制系统由温度控制器、启动继电

器、除霜装置和过载保护器等部件组成。

（2）饮水机的分类、型号及结构

1）饮水机的分类。饮水机的分类参照国家标准 GB/T 22090—2008《冷热饮水机》，有以下几种分类方法：

①按照饮水机的功能分类

单冷饮水机。提供冷饮用水，也可同时直接提供常温水的饮水机。

单热饮水机。提供热饮用水，也可同时直接提供常温水的饮水机。

冷热饮水机。既提供冷饮用水，又提供热饮用水和（或）常温水的饮水机。

②按照饮水机的结构形式分类。可分为台式（又称座式）、立式（又称落地式）。

③按照饮水机的制冷方法分类。可分为半导体制冷式（又称电子制冷式）、压缩制冷式（采用蒸气压缩制冷原理制取冷水）。

2）饮水机的型号。不同公司的饮水机产品型号命名方法不尽相同，现有国家标准中的规定如下：

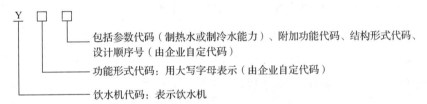

包括参数代码（制热水或制冷水能力）、附加功能代码、结构形式代码、
设计顺序号（由企业自定代码）

功能形式代码：用大写字母表示（由企业自定代码）

饮水机代码：表示饮水机

3）饮水机的结构。不同饮水机的外形虽然有所不同，但其主要零部件的组成和结构原理基本相同。以半导体制冷立式冷热饮水机为例（见图 1—3），饮水机的基本结构包括箱体、供水系统、制冷系统、电加热系统、电气控制部分等。

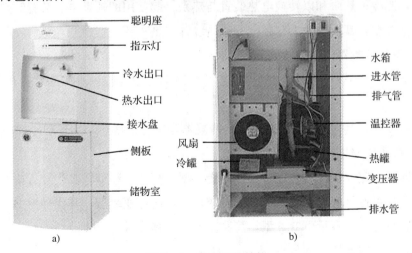

聪明座
指示灯
冷水出口
热水出口
接水盘
侧板
储物室

风扇
冷罐

水箱
进水管
排气管
温控器
热罐
变压器
排水管

a)   b)

图 1—3 饮水机的结构

a）正面 b）背面

2. 家用空调器具的分类、型号表示方法及结构

空调器是指利用制冷原理调节室内空气温度、湿度的器具。根据制冷能力及使用场所的不同，一般将空调器分为家用空调和商用空调两类，家用空调一般是指制冷量在 14 kW 以下，采用蒸气压缩制冷原理的家用和类似用途的空调器。本书所涉及的空调器均为家用空调器，产品参考国家标准 GB/T 7725—2004《房间空气调节器》。

（1）家用空调器的分类

1）按照使用气候环境（最高温度）分类

①温带气候（T1），最高使用环境温度为 43℃。

②低温气候（T2），最高使用环境温度为 35℃。

③高温气候（T3），最高使用环境温度为 52℃。

2）按照结构形式分类

①整体式，其代号为 C。整体式空调器结构分为窗式（其代号省略）、穿墙式（代号为 C）、移动式（代号为 Y）等。

②分体式，其代号为 F。分体式空调器分为室内机组和室外机组。室内机组按结构分为吊顶式（代号为 D）、挂壁式（代号为 G）、落地式（代号为 L）、嵌入式（代号为 Q）等；室外机组代号为 W。

3）按照主要功能分类

①冷风型，其代号省略（制冷专用）。

②热泵型，其代号为 R（包括制冷、热泵制热，制冷、热泵与辅助电热装置一起制热，制冷、热泵和以转换电热装置与热泵一起使用的辅助电热装置制热）。

③电热型，其代号为 D（制冷、电热装置制热）。

4）按照冷凝器的冷却方式分类

①空冷式，其代号省略。通过空气与冷凝器内制冷剂换热，实现制冷剂冷凝。

②水冷式，其代号为 S。通过水与冷凝器内制冷剂换热，实现制冷剂冷凝。

5）按照压缩机控制方式分类

①转速一定（频率、转速、容量不变）型，简称定频型，其代号省略。

②转速可控（频率、转速、容量可变）型，简称变频型，其代号为 BP。

③容量可控（容量可变）型，简称变容型，其代号为 Br。

（2）家用空调器的型号

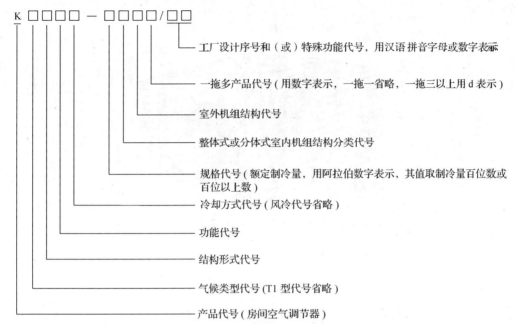

例如，KFR—28GW 型表示 T1 气候类型、分体热泵型挂壁式房间空气调节器（包括室内机组和室外机组），额定制冷量为 2 800 W。

室外机组 KFR—50W/BP 型表示 T1 气候类型、分体热泵型变频房间空气调节器室外机组，额定制冷量为 5 000 W。

（3）家用空调器的结构

空调器通常由制冷系统、通风系统和电气控制系统三部分组成。

空调器的制冷原理与家用电冰箱相同，制冷系统也由压缩机、冷凝器、节流装置和蒸发器组成。对于热泵型空调器，制冷系统中还安装了四通换向阀，使机器实现制冷和制热功能切换。通风系统主要由电动机、风扇、空气过滤装置等组成。电气控制系统则主要由空调启动与停机装置、温度控制装置、安全保护装置、运行控制电路等组成。图 1—4 所示为窗式空调器的结构，图 1—5 所示为分体式空调器室内机、室外机的结构。

3. 家用电动电热器具的分类、型号表示方法及结构

家用电动电热器具根据其功能不同可分为家用电动器具（如洗衣机、吸尘器、抽油烟机等）和家用电热器具（如电热水器、电饭煲、电磁炉、微波炉等）两大类。本书分别以洗衣机及电热水器作为代表来介绍家用电动电热器具的相关知识。

（1）洗衣机的分类、型号及结构

1）洗衣机的分类。参照国家标准 GB/T 4288—2008《家用和类似用途电动洗衣机》，洗衣机的分类如下：

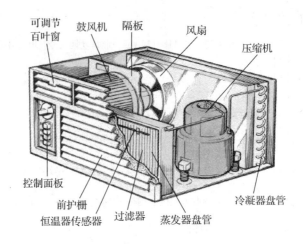

图1—4　窗式空调器的结构

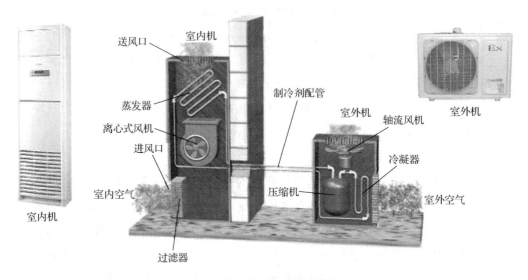

图1—5　分体式空调器的结构

①按自动化程度分类

普通型洗衣机，以汉语拼音字母 P 表示。

半自动型洗衣机，以汉语拼音字母 B 表示。

全自动型洗衣机，以汉语拼音字母 Q 表示。

②按洗涤方式分类

波轮式洗衣机，以汉语拼音字母 B 表示。

滚筒式洗衣机，以汉语拼音字母 G 表示。

搅拌式洗衣机，以汉语拼音字母 J 表示。

双驱动洗衣机，以汉语拼音字母 S 表示。

其他洗涤方式洗衣机，以洗涤方式第一个字的汉语拼音字母表示。

③按结构形式分类

单桶洗衣机，不标注字母。

双桶洗衣机，以汉语拼音字母 S 表示。

套桶洗衣机，不标注字母。

2）洗衣机的型号。洗衣机的型号命名规则如下：

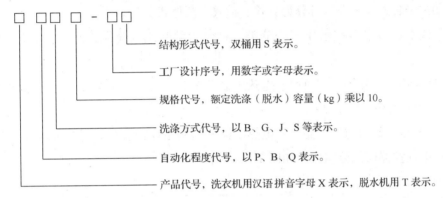

结构形式代号，双桶用 S 表示。

工厂设计序号，用数字或字母表示。

规格代号，额定洗涤（脱水）容量（kg）乘以 10。

洗涤方式代号，以 B、G、J、S 等表示。

自动化程度代号，以 P、B、Q 表示。

产品代号，洗衣机用汉语拼音字母 X 表示，脱水机用 T 表示。

例如，XQB40—63 表示全自动波轮式洗衣机，洗涤容量为 4 kg，厂家设计序号为 63。

3）洗衣机的结构。洗衣机形式多样，但基本结构都包括控制、洗涤和脱水三部分。如图 1—6 所示为一台全自动波轮式洗衣机的结构。

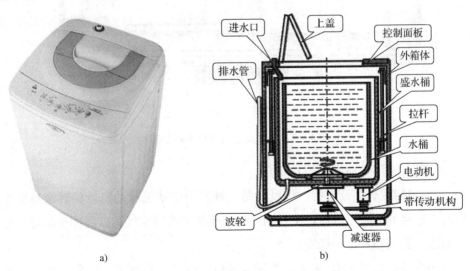

进水口　上盖　控制面板

排水管　外箱体

盛水桶

拉杆

水桶

电动机

带传动机构

波轮　减速器

a)　　　　　　b)

图 1—6　全自动波轮式洗衣机的结构

a) 外形　b) 结构

（2）电热水器的分类、型号及结构

1）电热水器的分类。以电作为能源进行加热的热水器通常称为电热水器，是与燃气热水器、太阳能热水器并列的三大热水器之一。

电热水器的种类很多，主要分类方法如下

①按储水方式分类

储水式（包括容积式和即热式），容积式是电热水器的主要形式。

速热式（又称半储水式）。

②按安装方式分类，可分为立式、横式、落地式。

③储水式热水器按承压与否分类，可分为敞开式（简易式）、封闭式（承压式）。

2）电热水器的型号。目前，电热水器尚无统一的型号命名规定，各厂家根据自身的标准对产品进行命名。

3）电热水器的结构。储水式电热水器的结构主要由箱体、进出水系统、制热部件、电气控器四部分组成，如图1—7所示。

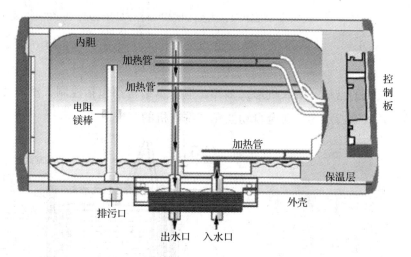

图1—7　储水式封闭电热水器的结构

（3）其他常用电动电热器具简介

1）电风扇的分类及结构。电风扇是一种利用电动机驱动扇叶旋转来达到使空气加速流通目的的家用电器，主要用于清凉解暑和流通空气。广泛用于家庭、办公室、商店、医院和宾馆等场所。

家用电风扇按结构及使用方式分为吊扇、台扇、落地扇、壁扇、顶扇、换气扇、转页扇等；按电动机形式分为交流罩极式风扇、交流电容式风扇、串励式电动机风扇。按使用电源分为交流式风扇、直流式风扇、交直流两用风扇。一般家庭中使用的是单相交流式风扇。按送风温度分为常温风扇、冷风扇和热风扇等。台扇、转页扇、落地扇中又有摇头、不摇头之分。

电风扇的主要结构一般包括以下几大部分：扇头、扇叶、立柱、底座、网罩、控制机构。扇头包括电动机、前后端盖和摇头送风机构等。如图1—8所示为一台落地式电风扇的结构，图1—9所示为一电风扇头的结构。

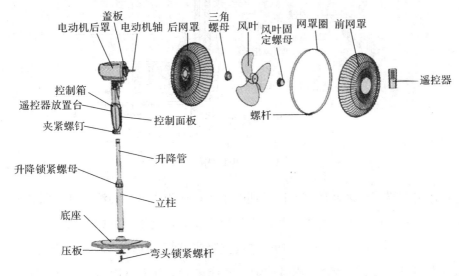

图1—8 落地式电风扇的结构

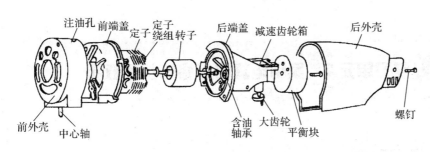

图1—9 电风扇头的结构

2）电饭锅的分类及结构。电饭锅是保温式自动电饭锅的简称，又称电饭煲。它是一种专门用来煮饭的电热炊具，利用操作面板还可以进行煮、炖、煨、焖等多种烹饪操作。

电饭锅的种类很多，根据加热方式、结构、控制方式的不同，有许多不同的分类方法。按照加热方式分为直接加热式和间接加热式。按照结构形式可分为组合式和整体式两种。按照控制方式可分为保温式、定时启动保温式和计算机控制式。

电饭锅一般由锅体、电热元件、控温和定时装置三部分组成，其结构如图1—10所示。

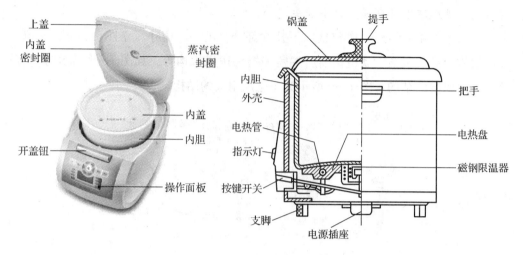

图1—10　电饭锅的结构

家用电器维修中涉及较多的产品还有很多，如吸尘器、抽油烟机、电磁炉、微波炉等。这些产品与前述几种产品的工作原理相近，这里不再详细列举。相关知识可参考下列标准：QB/T 1562—1992《真空吸尘器》、GB/T 17713—2011《吸油烟机》、GB/T 18800—2008《家用微波炉　性能试验方法》、GB/T 23128—2008《电磁灶》。

 学习单元2　家用电器的维修与维护政策

 学习目标

➤ 了解家用电器的维修与维护政策

 知识要求

作为一名家用电器产品维修工，应了解家用电器维修与维护相关的国家政策及法律法规，熟知本公司的售后服务政策，并能向客户详细说明本公司家用电器产品的维修与维护政策。家用电器产品的维修与维护政策主要包括的内容有"三包"规定、超保维修及收费标准、特殊服务项目等。

一、家用电器维修"三包"的规定

"三包"服务是指企业对售出的商品实行包退、包换、包修的服务。将产品的"三包"服务进行详细规定的国家法规主要指 1995 年 8 月 25 日由国家经济贸易委员会、国家技术监督局、国家工商行政管理局、财政部共同制定发布实施的《部分商品修理更换退货责任规定》。

1. 适用范围

只有在国家"三包"规定明细中的产品才按"三包"规定的相关内容来执行，实行"三包"的产品目录由国务院有关部门制定和调整，采用《实施三包的部分商品目录》的形式，逐批公布"三包"产品适用范围。根据最新的目录，实施"三包"规定的商品有 22 种，它们包括自行车、彩电、黑白电视、家用录像机、摄像机、收录机、电子琴、家用电冰箱、洗衣机、电风扇、微波炉、吸尘器、家用空调器、吸油烟机、燃气热水器、缝纫机、钟表、摩托车、移动电话、固定电话、微型计算机、家用视听产品。不在"三包"范围内的商品，若出现质量问题，企业均应依法负责修理、更换、退货并赔偿由此而造成的损失。一般按厂家承诺的相关内容执行。

2. "三包"期限的规定

（1）"7 日"规定

产品自售出之日起 7 日内，发生性能故障，消费者可以选择退货、换货或修理。

（2）"15 日"规定

产品自售出之日起 15 日内，发生性能故障，消费者可以选择换货或修理。

（3）"三包"有效期规定

"三包"有效期自开具发票之日起计算。在国家发布的《实施三包的部分商品目录》中对各种产品的整机和主要部件的"三包"有效期进行了详细的规定。如家用电冰箱、洗衣机等的"三包"有效期：整机为一年，主要部件为三年。在"三包"有效期内修理两次，仍不能正常使用的产品，消费者可凭修理记录和证明，调换同型号、同规格的产品或按有关规定退货，"三包"有效期应扣除因修理占用和无零配件待修的时间。换货后的"三包"有效期自换货之日起重新计算。

（4）"90 日"和"30 日"规定

在"三包"有效期内，因生产者未供应零配件，自送修之日起超过 90 日未修好的，修理者应当在修理状况中注明，销售者凭此据免费为消费者调换同型号、同规格产品。因修理者自身原因使修理超过 30 日的，由其免费为消费者调换同型号、同规格产品，费用由修理者承担。

（5）"30 日"和"5 年"规定

修理者应保证修理后的产品能够正常使用 30 日以上，生产者应保证在产品停产后 5 年内继续提供符合技术要求的零配件。

3. "三包"凭证

在"三包"有效期内，用户需出具购货有效发票和有效"三包"凭证才能享受包退、包换和保修的权利。

有效发票是指由财政、税务部门统一监制的发票，是商品售出的有效凭证。发票上应载明销售单位印章、销售日期、销售产品的名称、规格、型号、销售金额、数量等。

"三包"凭证是指在产品售出时提供给消费者的，对所购买产品进行修理、更换、退货的凭证或证明。其主要内容应包括产品名称、规格、型号、售出日期或出厂日期、出厂编号、制造厂名称，还应包括"三包"有效期，修理、退货条件，修理记录，退货、换货证明等。

4. 免除"三包"责任情况

根据"三包"规定，即使产品在保修期之内，出现如下情况，不实行"三包"，但可以收费维修：

（1）消费者因使用、维护、保管不当导致产品损坏的。

（2）非承担"三包"修理者拆动造成损坏的。

（3）无"三包"凭证及有效发票的。

（4）"三包"凭证型号与修理产品型号不符或者涂改。

（5）因不可抗拒力造成损坏的。

5. 收费说明

在"三包"有效期内，除因消费者使用、保管不当致使产品不能正常使用外，由修理者免费修理（包括材料费和工时费）。维修期间更换下来的零部件由修理者收回。

在"三包"有效期内，符合换货条件的，销售者因无同型号、同规格产品，消费者不愿调换其他型号、规格产品而要求退货的，销售者应当予以退货；有同型号、同规格产品，消费者不愿调换而要求退货的，销售者应当予以退货，对已使用过的商品收取折旧费。折旧费计算自开具发票之日起至退货之日止，其中应当扣除修理占用和待修的时间。具体计算公式如下：

折旧费＝［（退货日期－购货日期）－（取货日期－送修日期）］×日折旧率×购货价格（以购货发票价格为准）折旧率按照国家规定执行。

以上"三包"政策是国家法规的要求，是企业提供"三包"服务的最低标准。如果企业制定了更高标准的服务政策，应按照企业的售后服务政策向客户进行详细说明。

二、家用电器超保维修

对于超过保修期的维修要求，应向客户说明产品超出了"三包"期限，需要收费维修。超保维修时应向客户进行详细说明的内容应包括以下三个方面。

1. 可免费维修情况说明

很多企业为了留住老顾客，通过提高售后服务的质量来提升企业形象，制定了"VIP 客户""金卡客户"等针对老顾客的售后服务政策，如某企业的金卡会员政策为产品寿命期内终身免费包修等。应根据企业情况将此政策告知客户。

2. 收费标准

根据国家发展和改革委员会制定的《家用电器维修明码标价规定》，家电维修服务应采取明码标价的方式。明码标价的内容包括服务项目（包括检查费、修理费、需要上门维修服务收取的上门服务费等）、收费标准以及修理辅料和零配件的品名、产地（国产标省名、进口标国名）、规格、计价单位、零售价格等。

家电维修服务明码标价可采取公示栏、公示牌、价目表、标价签、价格手册、互联网查询、多媒体终端查询、语音播报以及用户认可的其他方式事先进行价格公示。

3. 安全使用年限

家用电器产品超过使用期限后，容易出现线路部件老化引起自燃、异常噪声、电磁辐射等危及人身安全的事故。除了安全隐患外，超过安全使用期限的家电产品也会更加耗电。一般高龄家电的耗电量要比原耗电量增加 40%。

2008 年 5 月，我国开始实行 GB/T 21097.1—2007《家用和类似用途电器的安全使用年限和再生利用通则》，规定了家电制造企业应以自我声明的方式表明电器的安全使用年限。安全使用年限从消费者购买日期计起。

行业专家对一些家电的使用年限给出了参考，其中电冰箱使用年限为 12～16 年；空调使用年限为 8～10 年；电热水器、洗衣机和吸尘器的使用年限为 8 年。

对于安全使用年限外的家用电器，应建议用户报废更新。

三、家用电器维修与维护服务创新——延保服务

2005 年以来，延保服务引入我国。延保就是延长家用电器的保修期，是指消费者所购买的产品，在制造商提供的质保期满后，经销售对产品维修费用所做的补偿服务。如消费者在购买电器时，顺便为家电买一份保险，以便在国家、厂方明确的"三包"规定之余，再享受 1～4 年不等的保修服务。家电延保服务内容是以合同形式约定的。

现在已有很多企业提供了此种服务，为了对家电行业的延保服务进行规范，中国家用电器服务维修协会起草发布的《家电延保服务规范》已于 2011 年 12 月 1 日试行。规范要求家电延保服务提供方在开展延保服务销售时，应向消费者解释说明延保服务内容、延保合同条款、办理方法和后期服务等内容，在消费者认可、签订合同后完成销售，并向消费者提供延保合同，供消费者留存。

随着家用电器行业企业不断进行服务创新，各种新的售后服务理念及政策也不断出现，作为家用电器产品维修工，应持续关注企业、行业的最新售后服务理念和制度，并积极贯彻实施，为客户提供更好的家用电器维修和维护服务。

第 2 节　接 待 客 户

 学习目标

➤ 了解接待客户的基本程序

➤ 能记录客户表述的需维修的家用电器的信息

➤ 能记录客户的详细地址，并约定维修时间

➤ 能向客户介绍维修与维护政策

 知识要求

家用电器产品维修时，维修人员是维修企业与客户直接打交道的人员，因此他们的一举一动会成为影响客户满意度的重要因素。维修人员除了应具备相应的职业道德和职业素养以外，还应注意服务时的态度、举止和语言的要求。

服务人员的素质、服务态度和水平是决定客户对服务满意程度的关键因素。为客户服务时要及时、准确地完成，在客户心中树立真实、信任、诚实的形象。轻工行业标准 QB/T 2837—2006《家用和类似用途电器维修服务从业人员行为规范》对家用电器维修服务人员的行为——接待客户的礼仪进行了详细的规定。

一、电话礼仪

1. 拨打电话礼仪

做好拨打电话前的准备工作，包括明确顾客电话号码、谈话提纲、希望结果、顾客提出异议时的应答策略。

根据规范的程序与顾客交流：自我介绍、确认顾客身份、进入主题简洁明了、暗示结束通话、致谢、再见、顾客挂电话后再挂电话。

2. 接听电话礼仪

调整情绪，电话铃响三声内提起电话，接起电话后先说"您好"并报上单位。

了解需求、认真记录、尽可能解决问题、暗示结束通话、致谢、再见、顾客挂电话后再挂电话。

注意：

● 听不清楚对方姓名时一定要问清楚，不可苟且敷衍。

● 对于保留状态电话，不宜让顾客等待太久。

● 若中途断线，原则上由打电话的一方重拨。

● 在接听用户要求的过程中注意礼貌用语。

二、服务语言

运用规范服务用语。包括称呼语、问候语、致谢语、征询语、请托语、应答语、赞赏语、致歉语、推托语。不能使用服务忌语。

常用的称呼一般有"先生""小姐""女士""您"等。"您"是日常服务工作中使用频率最高的称呼。

在服务过程中，经常需要称呼客户的姓名或姓。能准确称呼出客户的姓名或姓是服务人员基本素质要求，同时也会让客户感到自己的专业和认真，在客户姓名或姓后加上一般称呼会让客户听起来更加亲切和受尊敬。此外还时常可能称呼到第三方，通常情况下不要直接称呼"他"或"她"。应当称呼为"那位先生""那位女士"。对不在场或不相关的客户的热情和周到能让客户感受到自己的敬业和真诚。

力求做到语言亲切，声调自然、清晰、柔和，音量适中，答话迅速、明确，措辞简洁、专业、文雅。

家用电器维修工作中常见的礼貌用语举例如下：

- "请问您贵姓？"
- "您可以告诉我您的具体地址吗？"
- "您的电话号码是多少？"
- "您看我什么时间上门最方便？"

三、仪容礼仪

1. 头发

经常清洗，要求整齐，无头屑，不染发，不做奇异发型，不蓄发，做到前不覆额、侧不及耳、后不及领。

2. 面部

保持整洁，无汗渍和油污等不洁之物。不留胡须。口气清新。

3. 手部

指甲洁净、整齐，不留长指甲。不佩戴修饰物品。

4. 腿脚

保持卫生。严禁赤脚或穿拖鞋上岗。

四、体态礼仪

1. 看的礼仪

正面注视、避免斜视、传递尊重。

2. 听的礼仪

听清事实、听出关联、积极回应。打断顾客说话时应先经客户同意。

3. 站姿的礼仪

抬头、挺胸、直腰、收腹、目视前方、舒展、精神焕发。

4. 递物接物的礼仪

五指并拢、双臂自然夹紧、上身向前鞠躬示意、双手递物接物。

5. 鞠躬礼仪

微笑看顾客、双腿并拢、双手放在身侧、以腰为轴向前俯身、视线由对方脸上落至自己脚前 1.5 m 处。

五、服装礼仪

1. 着企业统一工作服上岗，服装整洁、规范、适体。

2. 佩戴上岗证，方便顾客正面可视。

六、其他

1. 工具箱

保持整洁，箱内物品摆放有序。

2. 价目表、安装单、收据或发票

干净、平整。

3. 签字

字迹清晰、工整，不得用铅笔签字。

 技能要求

接待客户

依据接待客户的基本程序完成接待客户工作，使客户得到满意的服务。

一、接待客户的基本程序

1. 前台接待人员（见图1—11）

步骤1 柜台接待

1）规范上岗。

2）迎候。主动起身，使用规范的问候语向客户打招呼，请客户就座。

3）倾听。

4）记录。翔实、清晰，具体记录内容如下：

图1—11 前台接待人员

客户信息：姓名、家庭地址、通信地址、邮政编码、电话号码、电子邮箱等。

产品信息：名称、品牌、型号、规格、编号、购买日期、购买商店、发票编号、附带配件等。

服务信息：接机日期、维修要求、产品状况、客户特殊需求、取机日期。

步骤2 接收产品

1）产品性能测试。接收产品后，当面测试，并请客户确认。不能通电测试的，记录客户对产品状况的陈述，并在维修单据上注明"未试机""顾客自述故障""其他待查"等字样。对其他非正常损坏现象，应该在维修单据上注明。

2）事先告知维修服务政策以及维修收费标准。

3）接收产品后，应将产品贴好标签，放在指定待修区。

4）如客户对维修服务收费有最高限价要求，修理过程中，如超过限价，应征得客户同意后再继续修理。

步骤3 交还产品

1）核对客户信息。包括姓名、地址、产品、机号、是否付费等，并确认是否已清洁产品外表。

2）修复试机。当面试机，并请客户签字确认。

3）若产品超过保修期，应将更换件随机退还。

4）主动告知客户维修保质期以及使用注意事项。

5）主动介绍产品使用、保养知识，耐心解答客户的询问。

6）道别。

2. 电话接待中心座席人员（见图1—12）

步骤1 电话接待

1）接听。

2）问候。问候语包括称谓、问好、公司名称和工号。

3）倾听。对于来电报修或抱怨、投诉的客户，要主动致歉。

图1—12 电话接待中心座席人员

4）记录。翔实、清晰、有条理，具体记录内容如下：

客户信息：姓名、家庭地址、通信地址、电话号码、邮政编码、电子邮箱等。

报修记录：名称、品牌、型号、规格、产品编号、购买日期、发票编号、故障陈述、预约的上门时间、顾客需求等。可事先告知维修服务收费项目和维修器材收费标准。

抱怨、投诉记录：事实经过、客户明示要求及客户潜在要求、客户性格及年龄等相关信息。

咨询记录：咨询的问题、解决方案建议。

5）及时汇报。对客户反映的问题应及时解决，不能解决的应立即向相应主管汇报。

6）整理信息。根据公司要求，对数据信息录入、整理、分析。

步骤2 电话回访

1）根据掌握的顾客信息，合理选择回访时间。

2）运用企业制定的标准化回访用语。

3）回访时间长短根据客户接受回访态度来定，一般以不超过 5 min 为宜。当客户不方便或拒绝回访时，回访停止。

4）用于满意度调查的回访以封闭式问题为主，可采用十分制打分；如不采用打分制，回访员应准确记录客户评价用语。

5）回访内容主要针对组织急需改进的问题，不断更新。

6）回访记录准确、清晰。

7）回访结果整理、反馈。主要包括客户的抱怨与投诉、一段时间内客户频繁投诉某一质量问题的信息、产品改进建议的信息、产品出现质量问题的原因等。

3. 维修技术人员——上门服务（见图 1—13）

步骤 1　准备

1）出发前检查携带设备、工具、资料是否齐备、规范。

2）在工作单上需填写好以下资料：客户姓名、地址、电话、机件资料、机型、机号、保修或自费情况、故障现象、预约时间。

图 1—13　上门服务

步骤 2　预约上门

1）按预约时间准时上门。

2）进门准备：整理仪容仪表、调整情绪、再次检查所携带的物品。

3）按门铃（或敲门），并后退静候。

4）客户开门后，确认客户身份，主动自我介绍，通报姓名、单位名称、工号，并出示上岗证。

5）征得客户同意后，穿好鞋套进门。

步骤 3　维修服务

1）合理摆放工具箱。

2）与客户核对工作单上相关的资料，如机型、机号和购买日期等。

3）如属"三包"期内商品，请客户出示有效的购机发票。需要收费时，应事先出示收费价目表。

4）提醒客户妥善保管待修产品周边的贵重物品，避免污损客户的物品，搬动物品要提前征询客户意见。

5）检测产品故障，告知客户故障原因。

6）维修产品时应保证工作安全。

7）维修完毕，恢复产品原有位置，清洁产品的污渍。

8）清洁维修现场，将搬动的物品恢复原位。

9）主动说明维修结果，当面试机，并介绍产品使用和保养方法。

10）主动征求客户意见并签收工作单。

11）涉及收费时，现场提供收费结算单和发票（或先提供收据，补换发票）。

12）不能现场修复的产品，需向客户说明原因。需要再次上门维修的，需根据客户要求预约时间。需运回维修的，经客户同意后，安排具体事宜。

13）服务完毕，告知客户联系方式。

14）道别。

二、注意事项

1. 上门后，如果发现用户家中无人，应该采取以下措施：

（1）如果没有人应答，按登记的电话联系。

（2）电话联系不上，与邻居确认地址是否准确。

（3）邻居确认地址准确后，在用户门上或者显要位置贴留言条，提示用户在回家后再与维修人员联系。

（4）与信息员或者电话中心联系，录入信息中间结果。

2. 如果产品需要拉回维修，则给用户提供收条，注明产品的外观状况并与用户确认。

3. 如果在用户家中损坏了用户的物品，要照价赔偿。

第2章

家用制冷器具维修

第1节　电气系统维护

 **学习目标**

➢ 了解家用制冷器具微控制器的作用

➢ 能对家用制冷器具的微控制器进行参数设定

 知识要求

随着微型计算机控制技术的发展，微控制器（俗称单片机）在许多家用电器的电路中已得到广泛应用。运用微控制器进行电气控制的电冰箱具有温控精确、控制功能多样、适应性好等特点，同时，通过在面板上安装的显示屏还可与用户实现互动。智能化、人性化是近年来家用电器的重点发展方向。下面以家用制冷器具中的代表性产品——家用电冰箱为例，介绍微控制器应用的相关知识。

一、微型计算机控制电冰箱的控制原理

电冰箱微控制器（简称单片机，又称主控板）与各种控制模块相连接，用以读取、监测和控制电冰箱的各种功能以及电冰箱内某一环境的温度。

电冰箱外部面板上有显示屏和功能按键，在电冰箱内部有与其对应的显示板，通过数据线与主控板连接，如图2—1所示。

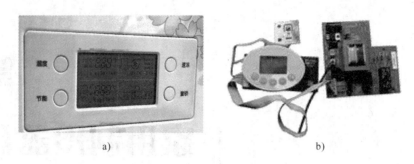

a)   b)

图 2—1　电冰箱显示屏与主控板

a）电冰箱显示屏与功能按键　b）显示屏显示板与主控板连接

主控板主要由单片机、传感器组、压缩机控制电路、电磁阀控制电路、显示电路、按键电路、蜂鸣器输出、化霜控制电路、风机控制电路等部分组成。常见电冰箱的控制系统原理如图 2—2 所示。

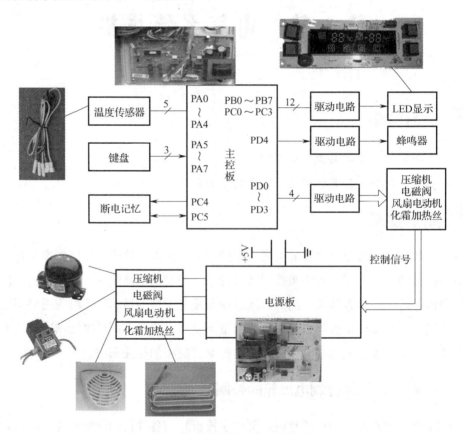

图 2—2　电冰箱的控制系统原理

图 2—2 中电源板主要为主控板提供电源，并且为压缩机、风扇电动机等提供电源。

传感器主要由冷冻室、冷藏室、冷冻室蒸发器盘管、冷藏室蒸发器盘管、环境温度检测等温度传感器组成。

用户通过按键对需要控制的温度进行设定，设定过程在显示屏上呈现出来。显示板接收到控制需求后通过数据线将信息传递到主控板，主控板不断地将相关位置温度传感器传递来的数据与需求数据进行对比计算，根据结果做出判断，向相关部件发出指令，如向压缩机供电或停止向风扇电动机送电等，从而实现用户要求的控制功能。

二、电冰箱微控制器可实现的功能

为了不断满足用户的消费需求，电冰箱制造企业充分发挥微型计算机控制技术的优势，除了基本的储藏、冷冻食物的功能外，越来越多的功能被开发实现在新一代电冰箱上。迄今为止，各厂家电冰箱产品比较常见的功能包括以下几个方面：

1. 控制电冰箱内冷藏室、冷冻室箱内温度

电冰箱具有人工智能，能够根据环境温度和箱内温度的变化自动调节温度设定，使系统工作在最佳制冷状态。还可通过显示屏与按键组合，由用户自行设定需要的储藏温度。采用电子温度控制方式，控温更加精确、稳定。有些电冰箱产品还有变温室、速冷、速冻等功能，以提高保鲜储存的效果。

2. 控制蒸发器的化霜

电冰箱运行中自动检测制冷运行状态，判断是否满足化霜条件，能够实现自动化霜及退出化霜。还可以根据化霜的安排进行预制冷，使化霜前后箱内温度没有大幅度的变化。

3. 控制电冰箱的制冰功能

有些电冰箱带有自动制冰功能，可直接从门外取用冰块、碎冰和冷饮水。

4. 控制压缩机、循环风扇的运行

控制系统可以根据不同的环境温度和制冷系统的需要自动控制压缩机和循环风扇的运行。可实现压缩机的变频运行控制，经济节能。还可对压缩机提供过载保护。

5. 故障显示、自动报警功能

当电冰箱的主要控制功能出现故障时，系统自动在显示屏上显示故障代码或发出声音报警提示，方便维修。

6. 预置的其他功能

（1）断电记忆功能

电冰箱断电时，断电前电冰箱设定的工作状态被记忆，来电后仍按断电前的状态工作。

（2）假日功能

如较长时间不使用电冰箱，可以将冷藏室设定温度提高，冷冻室正常工作。实现节能效果。

（3）通信功能

实现远程监控、家用电器联网等功能。

三、显示屏及按键部分的种类

1. 显示部件

家用电器中常见的显示部件一般有以下两种：

（1）文本显示器

如图2—3所示，文本显示器由显示屏和按键组成。利用简单键盘输入参数，一般都具备功能键、数字键、方向键等，简化了查找和输入参数时的操作步骤。结构简单，价格低廉。

（2）触摸屏

触摸屏（见图2—4）是将操作按键放到了屏幕内，画面切换及参数输入等都在屏幕上操作，所以画面可以做得很直观，画面分布完全由编程者自由掌握，编程自由性很大。

图2—3　文本显示器　　　　　　　　　　图2—4　触摸屏

2. 显示屏种类

显示屏根据显示原理的不同，可分为LCD显示屏、LED显示屏、VFD显示屏等。各种显示屏的工作原理及特点如下：

（1）LCD显示屏

LCD显示屏也称液晶显示器，其以CCLF冷阴极荧光灯作为背光源，利用了液晶的电光效应，通过电路控制液晶单元的透射率及反射率，从而产生不同灰度层次及多种色彩的图像。

（2）LED 显示屏

LED 显示屏是液晶显示器的一种，它是一种以半导体发光二极管为光源的显示方式，靠灯的亮灭来显示文字、图形、图像、动画等各种信息。其优点是：亮度高，色彩更艳丽，耗电少，使用寿命长，发热低，无辐射，可视角度大，能够做出很大面积的显示屏。缺点是：价格高，不适合做很小的显示屏。

（3）VFD 显示屏

VFD 显示屏为真空荧光显示屏，是从真空电子管发展而来的显示器件，它利用电子撞击荧光粉，使荧光粉发光，是一种自身发光显示器件。主要用作文字显示，显示固定图像。其优点是：自发光，显示清晰，容易实现多色显示，图形设计自由度大，工作电压比较低，可靠性高（环境适应性好）。缺点是：功耗大，属于中低价位的显示器。

关于温度传感器及各种电气元件的知识将在后续的章节中介绍。

技能要求

微型计算机控制电冰箱参数设定

依据电冰箱的使用要求进行微型计算机参数设定，或通过微控制器的操作来检查电冰箱的运行。

一、操作准备

1. 安装

对于需要安装的电冰箱，应按照产品使用说明的规范进行操作，并应按照以下要求进行检查。

（1）如需安装门体，门封应无间隙、翘角、变形，开关门无异声。冷气无泄漏现象；门体无倾斜。铰链固定牢固，螺钉无松动现象。

（2）如需安装进水系统，应确保水管无漏点、无折弯、布置合理，冷饮、制冰功能正常。

（3）所有部件应固定牢固、无破损。

2. 检查箱内

在电冰箱第一次接通电源前，清洁电冰箱的内部和外部（参见本章第 3 节"其他项目维护"的内容）。

3. 开机

在运输过程中，压缩机中的油可能会流入制冷系统，因此，安装完毕至少等待

0.5 h才可以接通电冰箱电源。插好电源线，接通电源。如果门上控制面板没有任何显示，应检查主电源开关是否处于接通状态。

二、操作方法

下面以海尔公司 BCD—551WSY 型产品控制面板（见图 2—5）的操作为例进行介绍，微控制器各功能参数的设定过程如下：

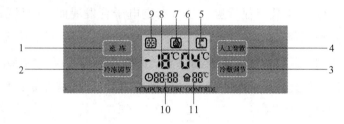

图 2—5　电冰箱控制面板

1—速冻功能设定按键　2—冷冻温度调节按键　3—冷藏温度调节功能　4—人工智慧功能设定按键
5—人工智慧功能显示图标　6—冷藏温度显示图标　7—锁定功能显示图标　8—冷冻温度显示
图标　9—速冻功能显示图标　10—时间显示图标　11—环境温度显示图标

功能 1　人工智慧功能

在人工智慧状态下，电冰箱根据环境和箱内温度的变化自动调节温度设定，不再需要人为调节。在非锁定状态下，按一下"人工智慧功能设定按键"，"人工智慧功能显示图标"显示，电冰箱进入人工智慧状态；在人工智慧状态下，如果想退出人工智慧状态，再按一下"人工智慧功能设定按键"，"人工智慧功能显示图标"消失即可。

功能 2　速冻设定

速冻功能是为了保持冷冻室内食物的营养价值而设计的，它将食品在最短时间内冻透。在非锁定状态下，按一下"速冻功能设定按键"，"速冻功能显示图标"显示，电冰箱进入速冻状态。在速冻状态下，如果想退出速冻状态，再按一下"速冻功能设定按键"，"速冻功能显示图标"消失即可。

注：电冰箱在人工智慧状态下不能够再进入速冻状态。若一次性冷冻大量食品，建议用户提前 12 h 打开速冻功能，让冷冻室降至较低温度，再放入食品。此时冷冻室的冷冻速度提高，能迅速冷冻食品，有效锁住食物营养，方便储藏。速冻状态下，可进行冷藏温度调节，但不可进行冷冻温度调节。

功能 3　温度的设定与调节

在初次通电时，电冰箱处于人工智慧状态；如想进行人工设置，按一下"人工智慧功能设定按键"，"人工智慧功能显示图标"消失即可。

电冰箱必须在退出人工智慧功能的状态下，才可以按照以下操作对电冰箱进行温度的设定和调节。

(1) 冷藏温度的调节

在非锁定状态下，按一下"冷藏温度调节按键"，"冷藏温度显示图标"开始闪烁。以后每按一下"冷藏温度调节按键"，冷藏温度挡位降低 1 挡，直到 1℃，再按一下"冷藏温度调节按键"，冷藏温度回到 8℃，依次按以下方式循环：4℃→2℃→1℃→8℃→6℃→4℃。

(2) 冷冻温度的调节

在非锁定状态下，按一下"冷冻温度调节按键"，"冷冻温度显示图标"开始闪烁。以后每按一下"冷冻温度调节按键"，冷冻温度降低 1 挡，直到 −22℃，再按一下"冷冻温度调节按键"，冷冻温度回到 −15℃，依次按以下方式循环：−18℃→−20℃→−22℃→−15℃→−17℃→−18℃。

功能 4　锁定/解锁功能设定

在非锁定状态下，同时按下"速冻功能设定按键"和"人工智慧功能设定按键"，"锁定功能显示图标"显示，电冰箱进入锁定状态；在锁定状态下，如果想退出锁定状态，再次同时按下"速冻功能设定按键"和"人工智慧功能设定按键"，"锁定功能显示图标"消失即可。

功能 5　故障显示

当电冰箱的主要控制和功能发生故障时，冷藏室温度显示区域或冷冻室温度显示区域不再显示温度，转而显示故障代码，需由售后服务人员维修。

功能 6　时间调节与设定

在锁定状态下，同时按下"冷冻温度调节按键"和"冷藏温度调节按键"并持续 3 s，"时间显示图标"闪烁，以后，每按一下"冷冻温度调节按键"，时间增加 1 h，直到"23"，再按一下"冷冻温度调节按键"，时间小时数回到 0；每按一下"冷藏温度调节按键"，时间增加 1 min，直到"59"，再按一下"冷藏温度调节按键"，时间分钟数回到 0。

注：初次通电时，时间显示为 12：00。

功能 7　冷藏开/关功能

在非锁定状态下，持续按下"冷藏温度调节按键"3 s，冷藏室停止制冷，冷藏关闭，"冷藏温度显示图标"消失，但冷藏室内的照明灯仍能正常工作；在冷藏关闭状态下，再持续按下"冷藏温度调节按键"3 s，"冷藏温度显示图标"显示，冷藏开启，冷藏室恢复制冷。此功能与常用的"假日"功能相同。

功能8 开门报警功能

当开门时间过长或门没关好时，电冰箱会隔一段时间发出蜂鸣声，提醒用户及时将门关好。

功能9 显示控制功能

显示屏在按键操作 30 s 后背光熄灭，电冰箱自动进入黑屏状态，按任一按键或开任一门时，恢复显示。

功能10 断电记忆功能

电冰箱断电时，断电前电冰箱按照最后一次操作所设定的工作状态被记忆，来电后仍按断电前的设定值工作。

注：锁定功能和时间不记忆。

三、注意事项

1. 不同型号产品的操作设定按照说明书进行。

2. 温度设定改变后，箱内温度需经过一段时间后才能达到平衡，且这段时间的长短取决于温度设定改变的大小、周围环境温度的高低、开门频次等条件。

3. 如果操作时按键失效，检查是否处于锁定模式或其他模式状态。

第 2 节　制冷系统维护

 学习单元 1　家用制冷器具制冷原理

 **学习目标**

➢ 了解家用制冷器具的制冷原理

➢ 掌握家用制冷器具制冷系统的构成

 **知识要求**

一、家用制冷器具的制冷原理

"制冷"就是在一定时间内用某种方法使自然界的某物体或某空间达到低于周围环境温度，并使之维持这个温度。

家用制冷器具用制冷技术属于普通制冷范围，主要采用的制冷方法有蒸气压缩式制冷、吸收式制冷和半导体制冷等。在日常生活中得到广泛应用的是蒸气压缩式制冷。

1. 蒸气压缩式制冷原理

采用低沸点的物质作为工作介质（也称为制冷剂或冷媒），利用这种工作介质在定温、定压下汽化和液化的相变性质，可以实现定温、定压吸热和放热过程，从而产生制冷效果。蒸气压缩制冷装置主要由压缩机、冷凝器、节流阀及蒸发器组成，其原理图如图 2—6 所示。

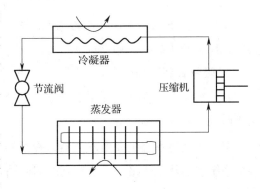

图 2—6　蒸气压缩式制冷原理图

制冷剂湿蒸气进入蒸发器，在定温、定压下吸热汽化成干饱和蒸气（或过热蒸气），由蒸发器出来的制冷剂的干饱和蒸气被吸入压缩机，绝热压缩后成为过热蒸气。蒸气进入冷凝器后，在定压下冷却，在定温、定压下凝结成饱和液体（或过冷液体）。饱和液体（过冷液体）通过一个节流阀（膨胀阀），经绝热、节流、降压、降温而变成低干度的湿蒸气后进入蒸发器，从而完成一个循环。

蒸发器侧的被冷却物与制冷剂进行热交换后放热，达到了制冷的目的。

为了获得较低的蒸发温度，制冷系统还可以采用双级或多级压缩系统，如图 2—7 所示。一台压缩机的排气口接到另一台压缩机吸气口，两台压缩机一起完成双级压缩制冷循环。此外，还有分别使用不同制冷剂的两个以上单级或双级压缩制冷系统复叠而成的复叠式制冷系统，如图 2—8 所示，它由高温部分和低温部分两个完整的单级压缩制冷循环系统组成。通过中间的蒸发冷凝器的传热，高温部分制冷剂的蒸发用来使低温部分制冷剂冷凝。高温部分制冷剂通过自己系统的冷凝器将热量释放给环境，而低温部分通过自己系统的蒸发器来吸收被冷却对象的热量。小型家用制冷器具一般采用单级压缩制冷系统。

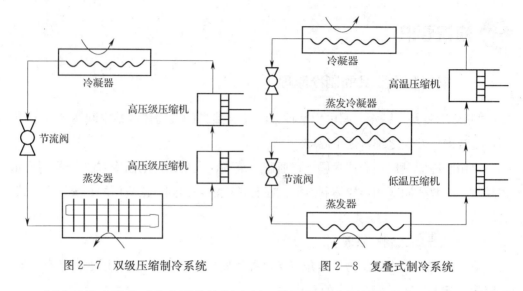

图 2—7 双级压缩制冷系统   图 2—8 复叠式制冷系统

制冷系统中流动工作介质称为制冷剂，常用的制冷剂种类很多，在家用制冷器具中常用的有 R134a、R600a 等。

2. 吸收式制冷原理

吸收式制冷与蒸气压缩式制冷原理基本相同，都是利用液态制冷剂的相变汽化来吸收被冷却物体的热量。

吸收式制冷系统主要由发生器、冷凝器、蒸发器、吸收器四个热交换设备组成。整个系统包括两个回路：一个是制冷剂回路，一个是溶液回路。如图 2—9 所示，上半部分是制冷剂循环，属于逆循环，由蒸发器、冷凝器和节流装置组成。高压制冷剂气体在冷凝器中冷凝，产生的高压制冷剂液体经节流后到蒸发器汽化制冷。

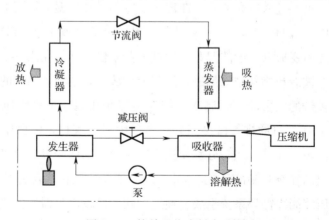

图 2—9 简单吸收式制冷系统

图 2—9 下半部分是吸收剂循环，属于正循环，主要由发生器、吸收器和溶液泵组成。一方面，在吸收器中，吸收剂吸收来自蒸发器的低压制冷剂气体，以达到

维持蒸发器内低压的目的。同时形成了富含制冷剂的溶液，将该溶液用泵送到发生器，经过加热使溶液中沸点低的制冷剂重新蒸发出来，形成高压气态制冷剂后送入冷凝器。另一方面，发生后的溶液重新恢复到原来的成分，成为具有吸收能力的吸收液，进入吸收器，吸收来自蒸发器的低压制冷剂蒸气。

因此，在吸收式制冷中，对制冷剂循环来讲，吸收器相当于压缩机的吸入侧；发生器相当于压缩机的排出侧；吸收剂可视为将已产生制冷效应的制冷剂蒸气从循环的低压侧输送到高压侧的运载液体。吸收式制冷机组中没有压缩机，靠消耗热能来完成制冷目的。所以，吸收式制冷与蒸气压缩式制冷相比，具有耗电少、噪声低等优点，同时，吸收式制冷对余热利用也有着重要意义。

根据工作介质分，目前常用的有两种吸收式制冷，即氨吸收式制冷和溴化锂吸收式制冷。

氨吸收式制冷机组：工作介质对为氨—水溶液，氨为制冷剂，水为吸收剂，它的制冷温度在 $-45 \sim +1$℃ 范围内，多用于家用冷冻装置或工艺生产过程中。

溴化锂吸收式制冷机组：工作介质对为溴化锂—水溶液，水为制冷剂，溴化锂为吸收剂，其制冷温度只能在 0℃ 以上，一般用于空气调节场合。

3. 半导体制冷原理

半导体制冷（也称温差电制冷、热电制冷或电子制冷）是以温差电现象为基础的制冷方法，它利用塞贝克效应的逆反应——珀尔帖效应的原理达到制冷目的。

塞贝克效应（也称为热电效应）：在两种不同金属组成的闭合线路中，如果保持两接触点的温度不同，就会在两接触点间产生一个电势差——接触电动势，同时闭合线路中就有电流流过，称为温差电流，如图 2—10a 所示，如铜和铁两种导线的组合体，也称为热电偶。

珀尔帖效应：在两种不同金属组成的闭合线路中，若通以直流电，就会使一个接点变冷，一个变热，也称为温差电现象。如图 2—10b 所示。

金属导体的珀尔帖效应十分微弱，没有实用价值。但是采用两种不同型（一种为电子型、另一种为空穴型）半导体材料时，珀尔帖效应较为显著，所以热电制冷都采用半导体材料，也称为半导体制冷。

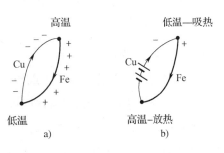

图 2—10　塞贝克效应和珀尔帖效应
a）塞贝克效应　b）珀尔帖效应

半导体制冷片的工作运转是用直流电流，它既可制冷又可加热，通过改变直流电流的极性来决定在同一制冷片上实现制冷或加热，这个效果的产生就是通过热电的原理。图 2—11a 所示就是一个单片的制冷片，它由两片陶瓷片组成，其中间有 N 型和 P 型的半导体材料（碲化铋），这个半导体元件在电路上用串联形式连接而成。

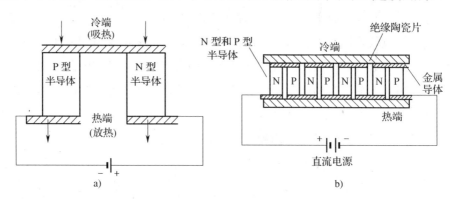

图 2—11　半导体制冷原理

半导体制冷片的工作原理：当一块 N 型半导体材料和一块 P 型半导体材料连接成电偶对时，在这个电路中接通直流电流后，就能产生能量的转移，电流由 N 型元件流向 P 型元件的接头吸收热量，成为冷端；由 P 型元件流向 N 型元件的接头释放热量，成为热端。吸热和放热的大小由通过电流的大小以及半导体材料 N、P 的元件对数来决定。制冷片一般是由上百对电偶连成的热电堆（见图 2—11b），以达到增强制冷（制热）的效果。

半导体制冷可用于家用小型低温电冰箱、饮水机、空调器中。半导体制冷的冷端和热端均有换热装置，以增强换热效果。热端一般用水或空气进行冷却，冷端吸收周围空气或水的热量，使其温度下降。半导体制冷不需制冷剂，制冷、制热转换方便，具有体积小、功率小、噪声低、使用可靠等优点。

 相关链接——半导体

　　任何物质都是由原子组成的，而原子由原子核和电子组成。电子以高速绕原子核转动，受到原子核吸引，因为受到一定的限制，所以电子只能在有限的轨道上运转，不能随意离开，而各层轨道上的电子具有不同的能量（电子势能）。离原子核最远轨道上的电子，经常可以脱离原子核吸引而在原子之间运动，叫做导体。如果电子不能脱离轨道形成自由电子，故不能参加导电，叫做绝缘体。导电能力介于导体与绝缘体之间的，叫做半导体。

◇半导体重要的特性是在一定数量的某种杂质掺入半导体之后，不但能大大增强导电能力，而且可以根据掺入杂质的种类和数量制造出不同性质、不同用途的半导体。

◇将一种杂质掺入半导体后，会放出自由电子，这种半导体称为 N 型半导体。

◇P 型半导体靠"空穴"来导电。在外电场作用下"空穴"流动方向和电子流动方向相反，即"空穴"由正极流向负极，这是 P 型半导体的工作原理。

二、家用制冷器具制冷系统的构成

采用蒸气压缩式制冷原理的家用制冷器具除了由上述的压缩机、冷凝器、节流阀及蒸发器四大主要部件组成之外，为了保障制冷系统的安全性、可靠性及便于操作，系统还包括过滤器、阀门等辅助零部件。

1. 压缩机

在制冷系统中，压缩机是制冷器具的核心部件，其作用是将低温低压气态制冷剂压缩到高温高压过热气体状态，以便于制冷剂能够在正常环境温度下进行冷凝液化，同时还能促使制冷剂在系统中循环流动。

根据压缩机的工作原理不同，压缩机一般分为容积式和离心式两种。其中容积式又可分为往复式（也称活塞式）和回转式（包括转子式、涡旋式和螺杆式）。根据压缩机中电动机的安装方式不同，分为全封闭式、半封闭式和开启式。

家用制冷器具中常用的压缩机为全封闭式，有往复式和转子式两种。往复式又分为连杆式和滑管式两种，连杆式活塞压缩机的结构如图 2—12 所示。压缩机中电动机转子带动主轴转动，由于曲轴和连杆共同作用，带动活塞在气缸中往复运动，气缸内气压达到排气压力时，气缸盖上的排气阀片打开；气缸内气体压力低于吸气压力时，气缸盖上的吸气阀片打开。吸气阀和排气阀交替开启、关闭，制冷剂气体不断吸入、排出。图 2—13 所示为卧式转子压缩机的结构，压缩机电动机带动偏心的转轴进行旋转运动，转轴上的滚动活塞在气缸表面滚动，在气缸内使气体容积发生改变并完成制冷剂蒸气的压缩。

2. 冷凝器和蒸发器

制冷系统中的蒸发器和冷凝器都是热交换器。制冷剂在蒸发器中发生蒸发汽

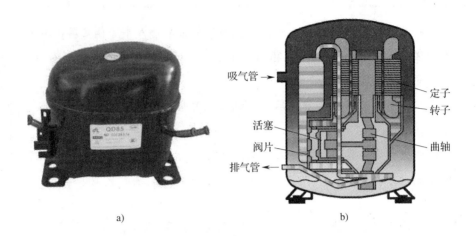

图 2—12　连杆式活塞压缩机的结构

a）实物图　b）结构图

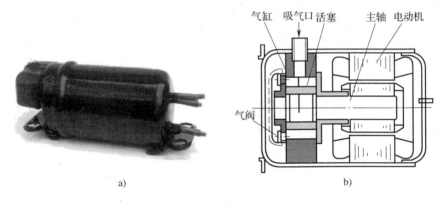

图 2—13　卧式转子压缩机的结构

a）实物图　b）结构图

化，从外部介质（空气或水）中吸收热量，从而达到降温制冷的目的。制冷剂在冷凝器中发生冷凝变化，向外部介质（空气或水）放出热量，实现制冷剂在系统中的循环。

家用制冷器具中蒸发器和冷凝器一般采用空气与制冷剂进行热交换的方式。

3. 节流阀

制冷系统中节流阀的作用如下：

（1）对高压液态制冷剂进行节流降压，保证冷凝器与蒸发器之间的压力差，以便使蒸发器中的液态制冷剂在要求的低压下蒸发吸热，从而达到制冷降温的目的；同时，使冷凝器中的气态制冷剂在给定的高压下放热、冷凝。

（2）调整供入蒸发器的制冷剂流量，以适应蒸发器热负荷的变化，使制冷装置更加有效地运转。

常用的节流阀有毛细管和膨胀阀两种。在很多小型全封闭式制冷设备（如家用电冰箱、家用空调等）中，毛细管被广泛应用。毛细管作为一种节流阀，是一根有规定长度的小孔径纯铜管，一般采用内径为 0.6～2.5 mm 的纯铜管制成，连接在冷凝器与蒸发器之间。

毛细管的供液能力主要取决于毛细管入口处制冷剂的状态以及毛细管的几何尺寸（长度和内径）。长度增加、内径缩小都相应使供液能力减小。有关试验表明，在同样工况、同样流量的条件下，毛细管的长度近似与其内径的 4.6 次方成正比，也就是说，若毛细管的内径比额定尺寸大 5％，为了保证有相同的流通能力，则其长度应为原长的 $(1.05)^{4.6} = 1.25$ 倍，即长度必须增加 25％。因此，如毛细管的实际内径与名义内径有偏差，影响是很显著的。

毛细管的优点是结构简单，无运动部件，价格低廉；主要缺点是它的调节性能很差，它的供液量不能随工况变动而调节。因此，毛细管宜用于蒸发温度变化范围不大，负荷比较稳定的场合。

毛细管入口部分应装设过滤器，以防止污垢堵塞其内孔。毛细管的内径和长度是根据一定的机组和一定的工况配置的，不能任意改变工况或更换任意规格的毛细管，否则会影响制冷设备的合理工作。为避免毛细管出口端喷流所引起的噪声对环境的干扰，可在毛细管外包扎异丁橡胶等材料，用以隔声防振。

4. 干燥过滤器

在小型制冷系统中，通常在节流阀之前，即毛细管的入口处或者膨胀阀的进口端安装干燥过滤器。家用制冷器具常用的干燥过滤器如图 2—14 所示。过滤器以直径为 14～16 mm、长 100～150 mm 的纯铜管为外壳，两端装有铜丝制成的过滤网。两网之间装入分子筛或硅胶。

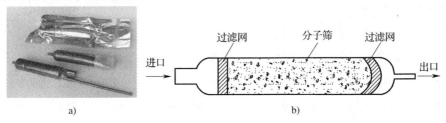

图 2—14　干燥过滤器

a）实物图　b）结构图

制冷循环系统中总会含有少量的水分，从系统中彻底排除水蒸气是相当困难的。水蒸气在制冷系统中循环，当温度下降到0℃以下时，聚集在毛细管的出口端，累积而结成冰珠，造成毛细管堵塞，即所谓的"冰堵"，使制冷剂在系统中的循环中断，失去制冷能力。制冷系统中的杂质、污物、灰尘等在随制冷剂进入毛细管之前若不被过滤网阻挡滤除，进入毛细管也会造成堵塞，中断或部分中断制冷剂循环，即发生所谓"污堵"。干燥过滤器中的过滤网用来滤去杂质，分子筛或硅胶是干燥剂，用来吸附水分。可以有效去除制冷系统中的水分和杂质。

使用干燥过滤器的注意事项如下：

（1）更换干燥过滤器时，开封后要立即安装到制冷系统上，以防空气中的水分进入分子筛而被带入制冷系统。

（2）干燥过滤器吸收水分太多时就不能继续使用了。若要重新使用，需进行再生处理，方法是将其放在箱温为320℃以上的烘箱里连续烘烤2 h。

5. 电磁阀

电磁阀用于家用制冷器具中通过电路切换来改变制冷系统中制冷剂的流向。如图2—15所示为某变频电冰箱双路循环制冷系统原理图，冷藏室蒸发器与冷冻室蒸发器并列制冷，相互间不受影响。冷藏室蒸发器和冷冻室蒸发器分别受两室的温度控制，两室的制冷是轮流进行的，当冷藏

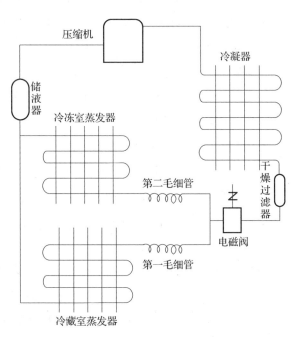

图2—15 电冰箱双路循环制冷系统原理图

室要求制冷时，电磁阀会接通冷藏室蒸发器，使制冷系统只对冷藏室制冷，当温度达到要求后，会自动停止冷藏室制冷；当冷冻室要求制冷时，电磁阀会接通冷冻室蒸发器，制冷系统只对冷冻室制冷。由于两室的制冷相对独立，可以分别进行不同的温度调节或停止制冷运转，从而可以适应各种使用环境和温度环境的要求。

常用的电磁阀有单稳态电磁阀和双稳态电磁阀两种。

（1）单稳态电磁阀

单稳态电磁阀的外形及结构如图2—16所示。电磁阀线圈通电后，产生的电磁

力使阀芯克服弹簧力的作用向下移动，使进口端与冷藏室端相连；断电后，在弹簧力的作用下阀芯移到上部，使进口端与冷冻室端相连。由上述可知，单稳态电磁阀转换状态时必须持续地给线圈供电，因此，单稳态电磁阀具有功耗大、噪声大的缺点。

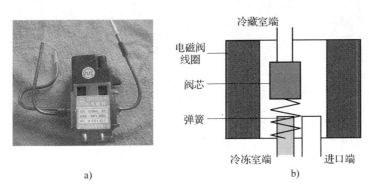

图 2—16　单稳态电磁阀的外形及结构

a) 外形　b) 结构

（2）双稳态电磁阀

双稳态电磁阀如图 2—17 所示。图 2—17b 中的两块磁铁安装时保持极性相对的状态，这样钢质阀芯在磁力线正对的位置被排斥而只能保持在左或右的位置，当外部的线圈通电时，可使阀芯根据驱动脉冲的极性克服磁铁的磁力转换到对应位置。

双稳态电磁阀不通电时在两个位置均能保持稳定状态，即平时不耗电，仅在换向时瞬时耗电，无驱动脉冲及断电后均保持原状态。所以具有省电、线圈不发热、可靠性高等优点。

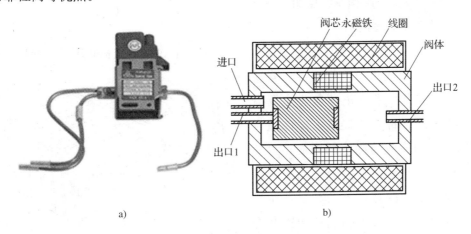

图 2—17　双稳态电磁阀

a) 实物图　b) 结构图

学习单元2　清洗家用制冷器具蒸发器

 学习目标

➢ 了解家用制冷器具蒸发器的结构形式

➢ 掌握蒸发器清洗液的知识

➢ 掌握蒸发器的清洗方法

➢ 能清洗蒸发器表面的污物

 知识要求

一、家用制冷器具蒸发器的结构及特点

根据蒸发器中与制冷剂发生热交换的介质不同，蒸发器分为冷却液体（如水等）的蒸发器和冷却空气的蒸发器，家用制冷器具的蒸发器一般采用冷却空气方式。电冰箱的蒸发器根据结构形式不同，可分为吹胀式蒸发器、管板式蒸发器、丝管式蒸发器、翅片管式蒸发器。直冷式电冰箱采用自然对流式蒸发器，主要采用前三种形式；风冷式（间冷式）电冰箱采用强制对流的蒸发器，一般为翅片管式蒸发器。各种蒸发器的结构及特点如下：

1. 吹胀式蒸发器

吹胀式蒸发器也称为铝合金复合板式蒸发器，它由双层铝板轧压模合而成，其间高压吹胀形成管道，如图2—18所示。吹胀式蒸发器在电冰箱中主要有两种形式：一种是直接嵌入冷冻室发泡固定，制作成冷冻室的内胆；另一种是悬挂在电冰箱的冷藏室。

这种结构的蒸发器造价低，制冷效果较好，但易被碰伤而造成冷却介质泄漏。

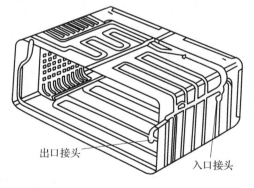

出口接头　　入口接头

图2—18　吹胀式蒸发器

2. 管板式蒸发器

管板式蒸发器是采用制冷管（如纯铜管、铝管或镀铜钢管等）弯曲成一定的形状，粘接或铆接在金属平板或电冰箱内胆上的制冷器具。如图 2—19 所示，在铝合金薄板制成的壳体外层盘绕上铝管或纯铜管，将圆管轧平紧贴壳体外表面，目的是增加接触面积，提高传热性能。

管板式蒸发器工艺简单，不易损坏，泄漏可能性小，一般用于直冷式家用电冰箱的冷冻室。安装在电冰箱冷藏室中的形式也称为盘管式蒸发器，安装在电冰箱、电冰柜内胆和发泡层中的形式也称为内置式蒸发器。

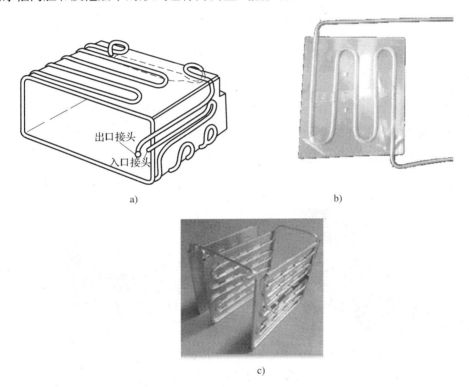

a)　　　　　　　　　　　　　　b)

c)

图 2—19　管板式蒸发器

a）示意图　b）粘接式管板蒸发器　c）铆接式管板蒸发器

3. 丝管式蒸发器

如图 2—20 所示，丝管式蒸发器是将钢丝点焊在 S 形钢管的前后两侧，成为一个坚固的片状整体，分层敷设在冷冻室内，如图 2—20b 所示，既能发挥多冷源隔离多室吸热降温的优势，又能起到抽屉搁架的作用。

丝管式蒸发器具有强度、刚度高，制冷快的优点。

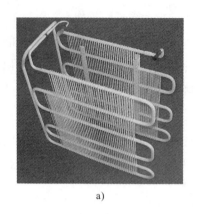

a)　　　　　　　　　　　　　b)

图 2—20　丝管式蒸发器

a）结构图　b）丝管式蒸发器装在冷冻室内

4. 翅片式蒸发器

翅片式蒸发器主要应用于电冰箱储藏室中，通常采用铝管套铝片成形，并配置循环风机强制空气流过蒸发器。

根据翅片的形式不同，翅片式蒸发器可分为单侧翅片式蒸发器（见图 2—21a）和翅片管式蒸发器（见图 2—21b）两种。

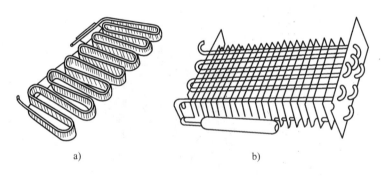

a)　　　　　　　　　　　　b)

图 2—21　翅片式蒸发器

a）单侧翅片式蒸发器　b）翅片管式蒸发器

单侧翅片式蒸发器在光管的同一侧连接上一条铝制带状翅片，然后再弯曲成形，与光管式蒸发器相比，换热面积更大，换热效果明显提高，一般用于直冷式家用电冰箱的冷藏室中。

翅片管式蒸发器采用多层薄铝片（翅片），每层保持相同的间隔，将弯成 U 形的纯铜管穿入翅片的孔内，再在 U 形管的开口侧相邻的两管端口插入 U 形弯头，焊接连成管道。这种蒸发器传热面积较大，热交换效率提高，体积小，性能稳定，常用于风冷式（间冷式）冰箱和空调器中。翅片管式蒸发器通常安装在冷冻室后部，也有的安装在储存室的隔板中。在蒸发器上附设有加热丝定期对蒸发器融霜，实现电冰箱的无霜运行。

二、家用制冷器具蒸发器清洗液

各种内置在制冷器具内胆及发泡层中的蒸发器，由于不直接与外界环境、被冷却物体接触，一般不存在清洗的需求。与之相反，当制冷器具的蒸发器暴露在外界环境中或与被冷却物体直接接触时，在使用过程中，容易出现蒸发器表面脏污的情况，如家用电冰箱、电冰柜蒸发器表面容易出现食物残渣的污染物，具有制冷功能的饮水机内蒸发器外表面容易出现水垢。如果不及时清洗，会使制冷器具中细菌大量繁殖，影响使用者身体健康，或者导致蒸发器表面腐蚀的问题。

清洗蒸发器时使用的清洗液可选用清水或其他中性洗涤剂。不能使用酸性或碱性的清洗液（如香蕉水、去垢剂、洗衣粉、汽油、84 消毒液等），因为会腐蚀蒸发器；也不可用开水。对于冷热型饮水机产品，清洗时还需用到去污泡腾片或专用消毒剂，配成消毒水使用。

 技能要求

家用制冷器具蒸发器表面清洗

在家用制冷器具的使用过程中，为了及时清除蒸发器表面上的食品残留物或水垢，避免细菌大量繁殖，防止箱内设备被腐蚀，应每隔 1～3 个月清洗蒸发器表面一次。具体清洗方法如下：

一、操作准备

1. 准备清洗工具及清洗液

清洗时可以采用以下工具：软毛刷（禁止使用钢丝刷）、软毛巾或海绵、水盆、喷壶、酒精棉、镊子等。准备符合要求的清洗液或消毒水。

2. 准备清洗制冷器具

（1）对于家用电冰箱、电冰柜产品，在清洗前应做如下准备：

1）断开电源，拔下插头，如图 2—22 所示。

2）取出电冰箱内的物品，取出搁板、储物盒等。带有制冰盒的电冰箱还需要将补水盒及制冰器内的水排掉，如图 2—23 所示。

3）将电冰箱移到排水通畅的地方，或在其底部垫上吸水毛巾。移动电冰箱时注意其倾斜角度不得大于 45°，禁止倒置或横

图 2—22　拔下电源插头

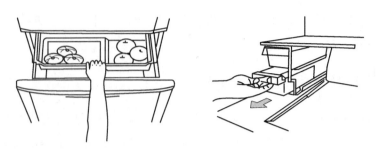

图 2—23 取出电冰箱内的物品

放。搬运时需注意对电冰箱的保护（禁止拉外置式冷凝器或电冰箱门把手）及对用户其他设备的保护，如木地板等。

（2）对于冷热型饮水机产品，在清洗前应做如下准备：

1）断开电源，拔下插头。

2）取下水桶，打开饮水机冷热水开关以及排污管口，放出饮水机内腔的剩余水。

3）卸掉聪明座。

二、操作步骤

1. 家用电冰箱、电冰柜产品蒸发器表面的清洗

步骤 1　清洗内壁

将清洗液倒入水盆中，用软布蘸取清洗液擦拭电冰箱内壁。

步骤 2　清洗蒸发器表面

用抹布蘸取清洗液，擦洗电冰箱丝管式蒸发器；用软毛刷蘸取清洗液刷洗翅片式蒸发器；擦洗、刷洗管板式蒸发器表面。

步骤 3　清理电冰箱排水系统

清理电冰箱排水口，使蒸发器上的水滴可以顺利流到接水盘中。

清理电冰箱接水盘内残存的污水，如图 2—24 所示。

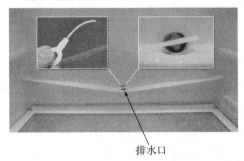

排水口

接水盘

图 2—24　排水口与接水盘

相关链接——电冰箱接水盘

冷藏室内的水汽遇冷，在蒸发器表面凝结而形成薄霜，压缩机停机时，箱胆表面的薄霜融化后沿排水管流入接水盘，压缩机开机时，利用压缩机自身的热量将盘中的冷凝水蒸发。

步骤4 整理

用清水擦洗（刷洗）蒸发器，将清洗液清洗干净；用干抹布擦干蒸发器上的水滴。用清水擦洗接水盘，抹干水分，如图2—25所示。

步骤5 恢复

复位电冰箱内部部件，将电冰箱静置30 min后通电运行，确认制冷功能正常运行。

2. 家用冷热型饮水机产品蒸发器表面的清洗

步骤1 清洗内壁

用镊子夹住酒精棉仔细擦洗饮水机冷热内胆和聪明座盖子的内外侧，为下一步消毒作准备。

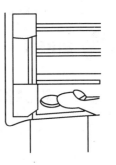

图2—25 抹干水渍

步骤2 消毒

按照去污泡腾片或专用消毒剂说明书配置消毒水；一部分倒入饮水机，使消毒水充满整个腔体，一部分倒入盆中，将聪明座置入盆中；留置10～15 min。

步骤3 清洗

打开饮水机的所有开关，包括排污管和饮水开关，排净消毒液。用清水连续冲洗饮水机整个腔体，打开所有开关排净冲洗液体。用清水洗净聪明座。

步骤4 恢复

将聪明座、水桶等复位，将饮水机通电运行，确认制冷、制热功能正常运行。

三、注意事项

1. 禁止带电操作。

2. 禁止用湿手插拔电源插头。

3. 禁止使用具有腐蚀性的清洗液。

4. 清洗过程中注意设备的电气元件应防水、防潮。

5. 禁止使用尖锐器具或金属器件刮、砸蒸发器及电冰箱内胆。

学习单元 3　清洗家用制冷器具冷凝器

 学习目标

➤ 了解家用制冷器具冷凝器的结构形式

➤ 掌握冷凝器的清洗方法

➤ 能清洗冷凝器表面的污物

 知识要求

一、家用制冷器具冷凝器的结构及特点

根据冷凝器中与制冷剂发生热交换的介质不同，冷凝器分为液体冷却（如水等）的冷凝器和空气冷却的冷凝器，家用制冷器具的冷凝器一般采用空气冷却方式。电冰箱的冷凝器根据结构形式不同可分为丝管式冷凝器、百叶窗式冷凝器、箱壁式冷凝器、翅片管式冷凝器。前三种形式的冷凝器采用自然对流方式进行换热；翅片管式冷凝器则采用强制对流方式进行换热，一般用于大容积家用制冷器具中。各种冷凝器的结构及特点如下：

1. 丝管式冷凝器

丝管式冷凝器与前述丝管式蒸发器结构相同，采用邦迪管弯成多个 S 形，并与多根钢丝点焊在一起。这种冷凝器体积小，质量轻，散热效果好，便于机械化生产，在家用制冷器具中得到了广泛的应用。

 相关链接——邦迪管

邦迪管就是指直径为 4～12 mm 的细钢管。主要用作汽车和电冰箱的导液管、导气管。邦迪管是用冷轧带钢薄板经卷管、焊接、镀锌制成的。邦迪管分为单层卷制管和双层卷制管两种。单层卷制管只在内表面镀铜。

如图 2—26 所示，丝管式冷凝器悬挂在制冷器具的外部，也称为外挂式冷凝器，一般采用两种悬挂方式，一种悬挂安装在制冷器具箱体背部，另一种悬挂安装

在箱体底部。

2. 百叶窗式冷凝器

百叶窗式冷凝器（见图 2—27）把冷凝器蛇形管道嵌在冲压成百叶窗形状的铁制薄板上，通过空气自然对流进行换热。此种冷凝器工艺简单，几乎与丝管式冷凝器同时开始应用，由于其结构和散热效果不如丝管式冷凝器强，因而在现代家用制冷器具中的应用较少。

图 2—26　丝管式冷凝器

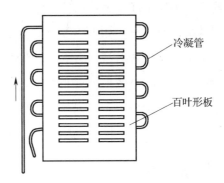

图 2—27　百叶窗式冷凝器

3. 箱壁式冷凝器

箱壁式冷凝器也称为平背式、间壁式、板管式、内藏式，是将镀铜钢管或铜管用铝箔黏附于外钢板上或与电冰箱外钢板的内壁点焊而成，结构紧凑，不占用外部空间，不易损伤，便于清洁，平整美观，如图 2—28 所示。

箱壁式冷凝器一般设在制冷器具箱体的两侧内壁或后壁，可通过用手触摸外箱壁感知温度的差别来判断冷凝器的位置。

4. 翅片管式冷凝器

翅片管式冷凝器与前述翅片管式蒸发器结构相同，采用 U 形管套上翅片制成，通常配备在大容积家用制冷器具上，通过风机强制空气循环散热，如图 2—29 所示。

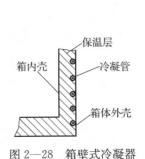

图 2—28　箱壁式冷凝器　　　　图 2—29　翅片管式冷凝器

翅片管式冷凝器传热效率高，构造紧凑，占用空间小。但是，由于空气流量较大，带动的灰尘较多，容易出现脏堵问题。

二、家用制冷器具冷凝器的清洗

内置在制冷器具内胆及发泡层中的箱壁式冷凝器，由于不直接与外界环境、冷却空气接触，一般不存在清洗的需求。而丝管式冷凝器、百叶窗式冷凝器及翅片式冷凝器外置于使用环境中，与冷却空气直接接触，在使用过程中，容易出现冷凝器表面积尘脏堵的情况。如果不及时清洗，会使冷凝器的换热效果变差，导致制冷器具耗电量增加，严重时甚至会导致制冷系统不能正常工作。

冷凝器的清洗一般采用湿布擦拭、高压空气吹扫等方法。对于冷凝器较光滑表面积尘的清洁，可用湿布蘸取清洗液擦拭；翅片式冷凝器缝隙较多，不易擦拭，一般采用高压空气吹扫或用毛刷刷洗的方法。

 技能要求

家用制冷器具冷凝器表面清洗

在对家用制冷器具进行保养或维修时，应及时清除冷凝器表面的灰尘、油污，防止冷凝效果变差，对制冷器具的正常运行产生不良影响。具体清洗方法如下：

一、操作准备

1. 准备清洗工具及清洗液

清洗时可以采用以下工具：软毛刷（禁止使用钢丝刷）、软毛巾或海绵、水盆、喷壶等。准备符合要求的清洗液。

2. 准备清洗制冷器具

在清洗前应做以下工作：

（1）断开电源，拔下插头。

（2）将电冰箱移到排水通畅的地方，或在其底部垫上吸水毛巾。移动电冰箱时注意其倾斜角度不得大于45°，禁止倒置或横放。搬运时需注意对电冰箱的保护（禁止拉外置式冷凝器或电冰箱门把手）及对用户其他设备的保护，如木地板等。

（3）对于百叶窗式冷凝器或翅片式冷凝器，为了清洗方便，应将冷凝器周围的外壳或易拆卸部件卸下。

二、操作步骤

步骤 1　清洗丝管式冷凝器表面

将清洗液倒入水盆中，用软布蘸取清洗液擦拭丝管式冷凝器外表面。

步骤 2　清洗百叶窗式或翅片式冷凝器表面

用压缩空气吹除百叶窗式或翅片式冷凝器上的灰尘；用软毛刷蘸取清洗液刷洗百叶窗或翅片间隙中的积尘。注意刷洗翅片间隙时不要碰倒翅片。

步骤 3　整理

用清水擦洗（刷洗）冷凝器，将清洗液清洗干净；用压缩空气将翅片中存留的水滴吹出；用干抹布擦干冷凝器上的水滴。擦干冷凝器周围零部件上的水滴。

步骤 4　恢复

将制冷器具移回原位，静置 30 min 后通电运行，确认制冷功能正常运行。

三、注意事项

1. 禁止带电操作。
2. 禁止用湿手插拔电源插头。
3. 禁止使用具有腐蚀性的清洗液。
4. 清洗过程中及时清理滴落的液体。
5. 清洗过程中注意设备的电气元件应防水、防潮。
6. 禁止使用尖锐器具或金属器件刮、砸冷凝器。

 **学习单元 4　处理家用制冷器具通风散热问题**

 学习目标

➤ 了解家用制冷器具散热不良对性能的影响

➤ 掌握排除家用制冷器具通风散热问题的方法

➤ 能分析影响家用制冷器具通风散热效果的原因

 **知识要求**

一、家用制冷器具通风散热的重要性

家用制冷器具中的冷凝器通过自然对流或强制对流的方式，使空气带走制冷剂因冷凝产生的热量。因此，只有保证冷凝器外表面良好的通风条件，才能使冷凝器充分发挥散热的作用。如果通风不良，引起散热效果不好，将导致制冷系统排气压力增大，耗电量上升，甚至导致制冷器具不能正常工作。

家用制冷器具中冷凝器的散热方式与其结构形式紧密相关。常见冷凝器的散热方式如下：

1. 丝管式冷凝器

丝管式冷凝器的散热主要采用热辐射和空气的自然对流方式。因该种冷凝器被悬挂在家用制冷器具的背部，并离开家用制冷器具保温层一定的距离，空气被辐射加热后热空气上浮，同时冷空气从其他位置流动过来，空气局部形成自然流动状态。

2. 百叶窗式冷凝器

百叶窗式冷凝器的散热方式与丝管式冷凝器相同，主要是热辐射和空气的自然对流方式。

3. 箱壁式冷凝器

箱壁式冷凝器内置在保温层与外壳中间，散热方式主要是热辐射，其次是空气自然对流方式。

4. 翅片管式冷凝器

对于翅片管式冷凝器，通过冷却风扇叶轮的搅动，使空气流过冷凝器表面，吸收冷凝器管片上的热量。如果冷却风扇停止转动或转动缓慢，将导致冷凝器管片上的热量不能被及时带走。

由此可知，为了保证冷凝器的良好通风，应该为冷凝器周围保留足够的散热空间，以及保持冷凝器外表面清洁，使其与空气充分进行热交换。

二、家用制冷器具散热不良的原因及排除方法

常见家用制冷器具散热不良的原因及排除方法见表2—1。

表 2—1	家用制冷器具散热不良的原因及排除方法
影响散热的原因	排除散热不良的方法
制冷器具放置的位置通风不良	改善制冷器具周围通风条件
制冷器具放置的房间过于狭窄、密闭	更换房间或改善房间的通风条件
冷凝器表面灰尘、污物太多	清扫、刷洗冷凝器
冷凝器周围有杂物	清理冷凝器周围杂物
通风口堵塞	清理通风口灰尘、杂物
冷却风扇转速慢或停止	维修或更换冷却风扇
家用制冷器具附近有热源	关闭附近的热源，或将家用制冷器具移到无热源的位置

 技能要求

家用制冷器具通风散热问题的排除

在对家用制冷器具进行保养或维修时，应检查其是否存在通风不良问题，如存在此类问题应及时排除，防止因散热问题导致冷凝效果变差，对制冷器具的正常运行产生不良影响。具体检查及排除方法如下：

一、操作准备

1. 准备工具

检查时可能用到以下工具：旋具（拆卸冷却风扇用）、清洗冷凝器外表面用的工具（见本节学习单元 3）等。还应准备需更换的同型号冷却风扇备件。

2. 准备待处理的制冷器具

在检查处理前，应通过触摸运行中的制冷器具外箱体来判断冷凝器的位置。

二、操作步骤

步骤 1 咨询、判断

咨询用户家中制冷器具的使用情况，了解是否有制冷不良、耗电量大的问题。用手触摸压缩机的外壳，检查是否过热。如果存在以上情况，可以继续通过以下步骤的检查来确认冷凝器是否存在通风不良问题。

步骤 2 检查安装空间并处理

（1）查看家用制冷器具放置房间的通风情况，如果房间过于狭窄、封闭，应更换房间或改善房间通风条件。

（2）检查冷凝器周围是否有杂物，如果有杂物，应清除。保证制冷器具左右两侧及后背距离墙面 25 mm 以上，电冰箱顶部应留有 25 mm 以上高度的空间。还应确保制冷器具底部通风顺畅。

（3）检查家用制冷器具周围是否有热源，如果有，应关闭或移开热源。如果做不到，应使用合适的隔热板或保证距离热源的距离（距离燃气灶具 300 mm 以上，距离电灶 30 mm 以上）。还应避免阳光直接照射制冷器具。

（4）检查冷凝器的通风口处是否堵塞，如果有，应清除。

步骤 3　检查冷凝器是否脏污并清洗

检查冷凝器外表面是否脏污或有积尘，如果有，按照本节学习单元 3 介绍的冷凝器清洗方法进行清洗。

步骤 4　检查冷却风扇

检查风冷式冷凝器的冷却风扇运转是否正常，如果出现转速变慢或停转的现象，则停机断电，更换新的冷却风扇。

步骤 5　恢复

通电运行 30 min，检查冷凝器散热情况及步骤 1 中的问题是否已解决。

三、注意事项

1. 冷凝器清洗过程中注意设备的电气元件应防水、防潮。
2. 更换风扇一定要在断电的状态下操作。

 学习单元 5　家用制冷器具蒸发器化霜

 **学习目标**

➤了解家用制冷器具蒸发器结霜的原因

➤了解家用制冷器具蒸发器化霜的方法

➤能对家用制冷器具进行化霜操作

知识要求

一、家用制冷器具蒸发器结霜的过程及影响

家用制冷器具在使用过程中，负责降温的蒸发器与制冷空间中的空气和被冷却物体直接或间接接触。蒸发器盘管的表面温度较低，一般在－10℃以下，空间内空气中的水分以及食品散发出的水汽将在蒸发器表面凝结成霜或结冰，如图 2—30 所示。随着开关门次数的增多和使用时间的加长，霜层将不断加厚。

当箱内霜层很薄时，对蒸发器的传热影响不十分明显；但当霜层达到一定的厚度后，将严重影响蒸发器的换热能力，使制冷效率明显降低，耗电量增加。据测定，蒸发器表面结霜厚度大于 10 mm 时，传热效率下降约 30%。由于蒸发器结霜是不可避免的自然现象，一般发生在冷冻室内，所以，具有冷冻功能的家用制冷器具均有定期化霜的要求。

图 2—30　蒸发器结霜

影响家用制冷器具结霜速度的因素主要有以下几点：

1. 制冷器具内储存物品散发的水蒸气量。

2. 制冷器具的密封性能。

3. 制冷器具使用环境中空气的相对湿度。

4. 制冷器具蒸发器的蒸发温度。

二、家用制冷器具蒸发器化霜的方法

以电冰箱为例，家用制冷器具蒸发器化霜的方式主要有以下三种：

1. 人工化霜

仅用于单门或不带加热器化霜的双门直冷式电冰箱。化霜时，调节温控器旋钮至停机点或拔掉电源插头，压缩机停止运转。打开电冰箱门，在静置状态下使蒸发器表面的霜层自行融化。融化完毕、清理霜水后，电冰箱重新恢复通电运行。

使用这种方法化霜操作简单，化霜时间短。化霜结束时，食品及箱内温度仍较低，再次通电工作，电冰箱能很快达到稳定状态，有利于食品的保鲜储藏。人工化霜的同时还能进行电冰箱的清洁工作，有利于延长电冰箱的使用寿命。

2. 半自动化霜

半自动化霜的工作原理实际上与人工化霜是一致的。如图 2—31 所示为半自动化霜控制电路，它是在温控器上附设一个化霜按钮，在需要化霜时，使用者只需按下此按钮，压缩机随即停止运转。箱内温度自行回升，当箱内温度升高到 10℃左右、蒸发器表面温度达到约 6℃时，化霜完成，温控器自动动作，化霜按钮弹起，压缩机恢复运转。由于化霜开始时需人工操作，故称为半自动化霜。目前单门电冰箱大多具有半自动化霜功能。采用半自动化霜时，冷冻室内的食物往往与霜层一起融化，影响食品储藏质量。

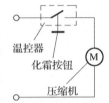

图 2—31 半自动
化霜控制电路

半自动化霜温控器的结构及工作原理将在后文中进行介绍。

3. 自动化霜

自动化霜控制是将化霜定时器、化霜加热器接入电路，只要到了预先调定的化霜间隔时间，化霜定时器触点即切断压缩机电动机电路，并接通化霜加热器，进行加热化霜；化霜完毕，化霜定时器切断化霜加热器并接通压缩机电动机电路，使压缩机电动机恢复运转。自动化霜多用于间冷式冰箱，目前比较完善的一种全自动化霜的控制电路如图 2—32 所示。

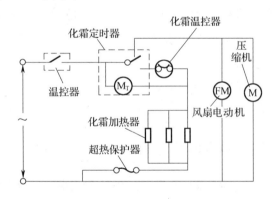

图 2—32 全自动化霜控制电路

除了化霜定时器和化霜加热器外，增加了双金属化霜温控器和化霜超热保护器。电路中的化霜定时器触点按照设定间隔一定时间动作一次，然后立即接通双金属化霜温控器、化霜加热器、化霜超热保护器所组成的电路。

某电冰箱自动化霜的工作过程及参数如下：

（1）温控器与化霜定时器接通压缩机电路时，化霜定时器与压缩机同时运转（定时器开始计时），因化霜加热器与化霜定时器串联，化霜加热器也接通，但化霜加热器的阻值远小于化霜定时器的阻值，因此，加在化霜加热器上的电压很小，不至于发热。

（2）经 8 h 后，化霜定时器断开通往压缩机的电路，接通双金属化霜温控器和化霜加热器电路，在并联电路中因定时器阻值很大，相当于断路，双金属化霜温控器的阻值极小，电源电压加在化霜加热器上，开始对蒸发器进行加热化霜。

（3）蒸发器表面的结霜融化后，箱内温度上升至 13℃ 时，双金属化霜温控器断开化霜接点，化霜加热器停止加热，此时化霜定时器开始下一个周期的计时，但触点尚未闭合通往压缩机的电路。

（4）化霜定时器计时 2 min 后，触点接通压缩机电路，开始下一个化霜周期的运转。当蒸发器温度下降到一定温度时，双金属化霜温控器达到了复位温度（−5℃），即开始将通往化霜加热器的电路接通，等待下一个周期的化霜加热。

以上所述是全自动化霜的周期性控制的全过程。化霜过热保护熔断器的作用是当化霜温控器触点粘连不能断开化霜加热器时，防止化霜过热损坏电冰箱。当蒸发器被加热到 65℃ 时，化霜过热保护熔断器就会将熔丝熔断，起到保护作用。熔丝熔断后，化霜定时器停止动作，这时需要更换新的化霜过热保护熔断器。

 **技能要求**

家用制冷器具蒸发器化霜操作

在对家用制冷器具的蒸发器进行化霜操作时，应首先检查其化霜方式，根据不同的化霜方式确定具体的操作方法。

如果采用的是半自动化霜方式，在需要化霜时，则应按下温控器上的化霜按钮，使压缩机停止运转。化霜过程的处理可参考人工化霜方式。化霜完成后，箱内温度及蒸发器表面温度上升达到设定值后，温控器自动动作，化霜按钮弹起，压缩机恢复运转，化霜过程结束。如果化霜时按下化霜按钮后压缩机未停止，或者化霜完成后迟迟无法进入正常运转，应检查化霜控制电路及半自动化霜温控器，具体内容参见本章第 5 节内容。

如果采用的是自动化霜方式，一般不需要进行人工操作，只需定期清理接水盘即可。自动化霜方式容易出现的问题也是控制电路及电气元件故障，具体内容参见本章第 5 节内容。

以电冰箱为例，以下对人工化霜方式的操作进行详细介绍。

一、操作准备

1. 准备工具

操作时应准备以下工具：抹布、水盆、化霜铲、吹风机等。

2. 准备制冷器具

（1）预冷（推荐操作）

先将温控器旋钮旋至"最冷"挡，让电冰箱运行 20 min 左右，使电冰箱内的食品具有较低温度。

（2）断电清理

拔去电源插头，将箱内食品尽可能地放在一起（这样可以隔热保温）。拿出电冰箱内的食品搁架、抽屉等与蒸发器直接接触的容器。

（3）排水准备

将电冰箱移到排水通畅的地方（或做好电冰箱的接水工作），清理电冰箱接水盘。

二、操作步骤

步骤1 化霜

打开电冰箱门，使电冰箱内的温度升高；或者在电冰箱内放置几碗开水（见图2—33），数分钟后再重复换水几次，直至冰块大面积脱落。随着温度的升高，可用化霜铲轻轻铲掉大块的冰（见图2—34），并及时擦掉电冰箱内积聚的水（有的电冰箱允许使用电吹风向冷冻室或蒸发器四壁吹热风，以缩短化霜时间）。

图2—33　放置开水

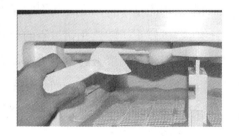

图2—34　使用化霜铲铲冰

步骤2 清理霜水

化霜结束后，用抹布擦干净蒸发器表面及电冰箱内壁上的水珠。如果电冰箱下部接水盘处有积水，应清理干净。

步骤3　恢复运行

将电冰箱搬回原位，储物容器及食物放回电冰箱中原位，静置 30 min 后通电运行。

三、注意事项

1. 必须断电后再操作。
2. 及时清理接水盘中的水。
3. 禁止使用尖锐器具或金属器具刮、砸蒸发器。
4. 注意电气元件的防水、防潮保护。

第 3 节　其他项目维护

 学习单元 1　家用制冷器具疏通排水操作

 学习目标

➤ 了解家用制冷器具排水堵塞的原因
➤ 能疏通家用制冷器具的排水通道

 知识要求

一、家用制冷器具的排水通道

在家用制冷器具中，为了及时将冷藏或冷冻空间中产生的凝结水或化霜水排出，均设置有排水管。以家用电冰箱为例，一般直冷式电冰箱采用人工化霜方法，因此只有冷藏室配置有排水孔（见图 2—35），与固定在后背的排水管相连，将凝结水排到电冰箱底部的接水盘里；而间冷式电冰箱的排水管比较复杂，冷冻室与冷藏室内都有。

家用制冷器具在使用过程中，难免会有食品或食品碎渣掉落，有可能会积聚在设备的排水孔处，堵塞排水通道，影响融霜水的正常排放，这种情况称为"脏堵"。

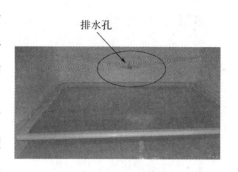

图2—35　冷藏室排水孔

另外，现在国内外电冰箱（上冷藏、下冷冻）使用的排水管为可以随意弯曲的螺旋形波纹管，安装时需要固定，工艺性较差，排水管很容易与冷冻室接触，冷藏室的水流入排水管就容易结冰，造成"冰堵"。

排水通道堵塞后，由于水分无法顺利排出制冷器具，会出现冷藏室或冷冻室积水的现象。

二、疏通家用制冷器具排水管的方法

排水通道发生堵塞后，应及时进行疏通操作，确保排水顺畅。根据产生堵塞的原因不同，采用不同的疏通方法。出现此问题的主要原因及措施如下：

1. 如果排水管下部堵塞，不是很深，直接用旋具（螺丝刀）等疏通即可。

2. 如果排水管接头处堵塞，可用与制冷器具配套的附件——防堵钩顺着排水孔向下通（见图2—36），注意不要划伤冷藏胆及排水孔，直至清理干净，排水通畅。如果没有防堵钩，也可以采用适当硬度的铁丝弯曲成一定弧度来操作。

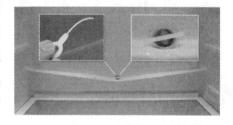

图2—36　排水孔及防堵钩

3. 排水管在发泡过程中发生横向、纵向位移，导致靠近冷冻室蒸发器，或是在使用过程中，排水管处保温层被破坏后靠近冷冻室蒸发器，使排水管内局部水结冰，出现冰堵现象。通过在排水管内加热的方法可以解决。

 **技能要求**

家用制冷器具疏通排水操作

在对家用制冷器具进行疏通排水操作前，应先确认排水管是否堵塞。找到排水孔（如家用电冰箱冷藏室后壁下部"V"字形水槽正中的小孔），向里面注水，水从排水孔溢出则表示排水管被堵塞了，然后按照下述步骤进行疏通操作。

一、操作准备

1. 准备工具

操作时应准备以下工具：干抹布、温水、防堵钩、铁丝（根据机器的尺寸确定，50~80 cm）、塑料管、注射器等。

2. 准备制冷器具

（1）断电清理

拔去电源插头，清理制冷器具排水孔所在腔内的物品。

（2）排水准备

将制冷器具移到排水通畅的地方（或做好接水工作），清理接水盘。

二、操作步骤

步骤 1　初步清污

用防堵钩清理排水孔处的污物，顺着排水孔向下通，直到排水孔完全露出来。向孔内注水，如果水能顺利通过排水管流到制冷器具底部的接水盘里，说明疏通已完成。否则，进入步骤 2。

步骤 2　深入清理

将铁丝分别从上部排水孔和下部排水口处伸入排水管中进行疏通。疏通完毕，注水检查。如果铁丝在排水管中无法前进，说明排水管中存在冰堵的地方，进入步骤 3。

步骤 3　清除冰堵

将塑料管从上部排水孔伸入排水管中，直至到达冰堵部位，用注射器连接塑料管，将排水管中的水吸出，再向排水管中注入温水，再吸出，如此反复，直至冰融化，排水管疏通为止。

步骤 4　恢复

疏通操作完成后，清除制冷器具下部接水盘中的积水，用干布擦除制冷器具内外残余水分。将电冰箱搬回原位，储物容器及食物放回电冰箱中原位，静置 30 分钟后通电运行。

相关链接——彻底消除冰堵的措施

步骤3中处理冰堵的方法只能暂时收到效果，长时间运行后，仍然会出现冰堵的问题。因此，若想彻底消除冰堵的问题，可以采取下列措施之一：

1. 在排水管内插入毛细管

在压缩机排气端的管路上焊接一段 φ4 mm 的毛细管，使其与系统管路形成三通，毛细管的另一端焊封死，然后将毛细管插入排水管，使其到达冰堵处，毛细管的长度视排水管的长度而定。

2. 背面开孔并调整排水管与蒸发器管路距离

具体步骤如下：

（1）确定冰堵点位置

分别测出冰堵点的上下位置以及排水管左右位置，取冰堵点上下位置和排水管左右位置的交叉点偏下一点位置作为开孔中心点。

（2）开孔

将合金头划线定好圆的半径后，以开孔中心点为圆心画圆，把制冷器具后背铁板割透，取下圆铁板。

（3）增加两管间距

剥离保温层，使蒸发器管道和排水管暴露出来，然后加宽两管的距离并固定好，最后进行保温和发泡处理。

（4）装饰

用刀片将圆孔面修整，使其略低于制冷器具后背面，在孔口的周边涂抹好密封胶，把取下的圆铁板归位贴好，最后粘贴直径大于圆铁板的白色单面胶装饰纸进行装饰。

三、注意事项

1. 必须断电后再操作。

2. 及时清理接水盘中的水。

3. 禁止使用尖锐器具进行疏通操作。

4. 注意电气元件的防水、防潮保护。

5.疏通好后，可在使用过程中将随机配带的防堵钩插在排水孔上，起到过滤食物残渣的作用。

 学习单元 2　家用制冷器具密封及门间隙调整

 学习目标

➤ 了解家用制冷器具门封条的结构

➤ 了解家用制冷器具门封条变形的原因

➤ 能修复变形的门封条，能调整家用制冷器具门间隙

 知识要求

一、家用制冷器具门封条的结构

家用制冷器具的箱门由外壳、门内胆、保温层和磁性门封条组成。磁性门封条是安装在门上的一个密封用部件。其作用是防止环境的热空气通过箱门与箱体结合部位的缝隙处侵入箱体内。磁性门封条密封性能的好坏直接影响制冷器具的制冷效果。

磁性门封条由塑料门封条和磁性胶条两部分组成，塑料门封条采用聚氯乙烯挤塑成形，为多空心条状，空心内可以插入磁性胶条，其余的空心气室能起到隔热、保温作用。磁性胶条是在橡胶塑料的基料中掺入硬性磁粉挤塑成形的。将磁性胶条穿入塑料门封条中，根据门的尺寸将四角切口热黏合制成各种形式的单气室、多气室及带多层屏蔽翅片等结构，用自攻螺钉固定或用门封槽嵌压固定安装在箱门内壁的四周，利用磁性胶条的磁性将门吸附在门框上。其结构如图 2—37 所示。

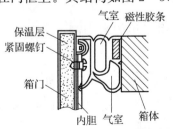

图 2—37　磁性门封结构

双门电冰箱的冷冻室与冷藏室温度相差甚远，因此，冷冻室与冷藏室的磁性门封形式有明显区别，不能互换使用。一般冷冻室磁性门封有两个气室，冷藏室磁性门封只有一个气室。

对门封的严密性要求是：关门后，将厚 0.08 mm、宽 50 mm、长 200 mm 的纸片放在门封条与门框接触的任意位置，纸片不应自行滑动。

二、家用制冷器具磁性门封条变形造成的影响

家用制冷器具的门体与箱体之间产生缝隙的原因主要是门封条变形。运输震动、安装不当或开门、关门时不小心，都会使门封条局部出现凹陷、变形，从而造成冷气泄漏。而且在家用制冷器具使用过程中，门上的磁性密封圈可能粘上一些油垢，吸附一些铁屑；同时，由于年久老化等原因，密封圈容易产生变形，导致冷气泄漏，制冷效果变差。

另外，门体本身变形或安装不正、出现偏斜都将导致家用制冷器具门体与箱体之间产生缝隙。

三、家用制冷器具门封条的修复方法

常见磁性门封条的变形有拐角密封不严、横边或竖边密封不严等，如图 2—38 所示。对于各种变形所采取的修复措施如下：

 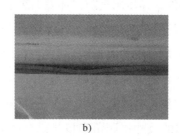 

a)   b)   c)

图 2—38 磁性门封条变形

a) 拐角密封不严   b) 横边密封不严   c) 竖边密封不严

1. 对于使用多年的家用制冷器具，门封条塑料已老化，应及时更换新的门封条。

2. 如果门封条变形轻微，表面不平直，可用电吹风吹烤变形凹陷部位，使其恢复原状，消除缝隙。也可在门封条凹陷处下方与箱门（柜口）相接处垫一块薄海绵，也可以消除缝隙。

3. 如果因门体（盖）不正导致门封条变形，则可调整铰链，或在立式门体固

定轴上加调整垫圈进行调整。

4. 因门封条具有一定的磁力，门封条上容易吸附铁屑或铁合金粉末；或者由于制冷器具使用环境影响导致门封条与箱体吸合表面油污严重，从而使箱门关闭不严，发生这种现象应及时用抹布将杂质或油污擦去。

注意：当擦拭门封条塑料边口内残留的积水时，要小心翻开塑料边口，用干净的软布轻轻擦净，千万不可折断塑料磁条。当制冷器具较长时间搁置不用时，可在门封条上涂敷少量滑石粉以保持干燥，放在通风阴凉处。

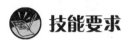 **技能要求**

家用制冷器具门封条修复及门间隙调整

一、操作准备

1. 准备工具

操作时应准备以下工具：抹布、水盆、清洗剂（可用餐具洗洁精或酒精）、手电筒、电吹风、30 cm 钢直尺、平头镊子、十字旋具、套筒扳手等。

2. 准备制冷器具

断电清理：拔去电源插头，清理需修复箱门所在腔内的物品。

二、操作步骤

步骤 1　初步清污

将清洗剂倒入水盆中，用软布蘸取清洗剂擦拭门封条及箱体吸合表面。门封条塑料边口凹槽内也应清洗。然后用干净的抹布将水分擦干，如图 2—39 所示。

步骤 2　检查变形点

检查确定门封条变形位置。将手电筒打开放在箱体内，灯光朝着箱门照射，关闭箱门，遮住房间的外来光线，使制冷器具周围形成暗区，若是夜间检查应关掉房间的照明灯。沿着门封的四周仔细观察，如有漏光的位置则说明门封条出现变形。

步骤 3　门封条变形修复

用电吹风对着变形弯曲部位微微加热，至塑料稍有弯软时即停止加热。如果电冰箱门封条呈 S 形弯曲，可用一钢直尺垫衬于封条的内侧，待电冰箱门封条冷却后再抽出钢直尺，便能使门封条恢复原状。

加热时，一般 700 W 电吹风控制在 1 min 内，出风口距门封条 3 cm 为宜。

图2—39　初步清污

步骤4　门封条更换

如果步骤3完成后，门封条仍然无法恢复正常，需更换门封条。现有家用制冷器具大多采用可拆卸式门封条，更换时需注意：先安装门封条的四个角，长边需增加两个以上定位点。安装完毕需检查门封条是否全部安装到位。

步骤5　门体间隙调整

如因门体安装位置偏斜导致门封条变形，应进行门体间隙的调整。首先使用钢直尺或卷尺测量门与箱体的距离，确认箱门是否倾斜。

调整时，将电冰箱的门打开，把上、下门轴的铰链紧固螺钉拧松，重新扳正，使门的上、下两端平行，门框与门边平行，门与门框四周保持等距离。调整到合适位置后，将固定螺钉拧紧。

家用制冷器具在长期使用后，门轴与轴孔之间由于磨损和锈蚀，配合间隙增大，门向一侧倾斜。可用铜片垫嵌在轴套中，避免因间隙过大而产生松动，并将门轴固定板上的紧固螺钉松开，重新校正门边与门框四周的平行度，使四周距离完全一致，再紧固门轴固定板，即可消除门关不严的故障。

步骤6　恢复

门封条的修复及门间隙的调整完成后，用干净抹布彻底清洁电冰箱门体，将制冷器具内容器及物品恢复原位，通电运行，确认正常运行。

三、注意事项

1. 必须断电后再操作。

2. 严禁使用腐蚀性清洗剂清洗门封条。

3. 修复门封条时，电吹风功率不能太大，热点不能过于集中，吹风口离门封条不能太近，否则会损坏门封条。

4.更换门封条时动作应轻柔，不能用力拉扯，否则容易使磁性胶条断裂。

 学习单元 3 家用制冷器具内胆、柜口开裂的修复

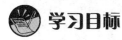 **学习目标**

➤ 了解家用制冷器具塑料部件的知识

➤ 了解常用的塑料胶黏剂种类及使用方法

➤ 能修复塑料内胆及端档、电冰柜柜口的开裂问题

 知识要求

一、家用制冷器具的塑料结构部件

家用制冷器具的一部分结构部件是用塑料制成的。包括电冰箱的塑料内胆、门体的端档、电冰柜箱体上端的柜口等，如图 2—40 所示。

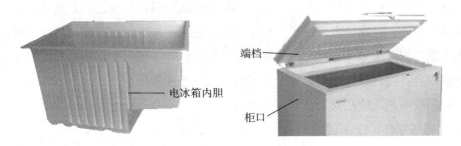

电冰箱内胆　　端档　　柜口

图 2—40　家用制冷器具的塑料结构部件

家用制冷器具工作时冷冻室温度保持在 −18℃以下，蒸发器温度可达 −25℃，因此，家用电冰箱内胆所选用的材料必须能够耐低温，在低温下能够不变形，性能不变异，保持力学性能良好等。另外，考虑到外观要求，应保证内胆内表面光洁，表面粗糙度值小。近年来，我国电冰箱生产厂家的电冰箱内胆普遍采用 HIPS（改性耐冲击聚苯乙烯）材料，部分采用 ABS（丙烯腈—丁二烯—苯乙烯三元共聚物）材料。

ABS 塑料具有较高的抗冲击性能，较高的刚度和较好的光亮性，并具有较好

的耐热、耐寒、耐油、耐水及化学稳定性，比普通材料使用寿命长。相比之下，HIPS 是通过在聚苯乙烯中添加聚丁基橡胶颗粒的方法生产的一种抗冲击的聚苯乙烯产品。尽管 HIPS 的冲击强度比 PS 的冲击强度高出很多，也能满足耐低温、内表面光洁等要求，但其综合性能仍低于 ABS。由于 HIPS 比 ABS 流动性好，易于加工，材料成本低，因此在实际中也得到了较多的应用。

图 2—41　塑料部件开裂

塑料内胆在长期使用过程中，由于低温作用产生内应力或化学物品腐蚀等原因，容易出现开裂现象（见图 2—41）。电冰柜的端档及柜口同样采用 ABS 塑料，使用时间长或使用及保养不当也会出现开裂现象。如果不及时修复，将影响制冷器具的保温效果和正常使用。常用的方法是采用塑料胶黏剂来修复开裂部件。

二、塑料胶黏剂的配制及使用

ABS 和 HIPS 塑料能溶解于丙酮、乙酸乙酯、苯、甲苯、二氯乙烷、三氯乙烷等大多数常见有机溶剂。可以利用这种溶解性对其进行修复。考虑溶剂的毒性及使用安全性，一般选用丙酮和乙酸乙酯作为溶剂。

遇到上述塑料制品开裂时，可以用小毛刷蘸取少量丙酮或乙酸乙酯溶剂，小心地涂在破裂处，合拢待干后便可以粘牢。对一些强度要求比较高的制品，可以采用有机溶剂与塑料粉末等比配制成胶黏剂进行粘接修补。按比例将塑料粉末倒入有机溶剂中混合，搅拌至塑料粉末完全溶解后，装入瓶中备用。

配制胶黏剂及使用时须注意以下几点：

1. 密闭操作，全面通风。

2. 远离火种、热源，工作场所严禁吸烟。

3. 避免与氧化剂、还原剂、碱类接触。

4. 储存环境温度不宜超过 26℃。

三、塑料部件开裂的修复方法

塑料部件开裂时，只要把胶黏剂均匀地涂布在裂缝上即可。修复已经破碎成块的部件时，先在碎块的接合面上涂上胶黏剂，然后对接好，捆紧固定，待干后拆除捆扎物即可。

如果内胆开裂处为蒸发器位置，为了防止修复后制冷时热胀冷缩导致再次开裂，应采取开后背在内胆内侧镶模板的方法来修复。具体操作见技能要求。

 技能要求

修复家用制冷器具内胆及塑料端档和柜口开裂

一、操作准备

1. 准备工具

操作时应准备以下工具：抹布、丙酮（或乙酸乙酯）、相同材质塑料废料、剪刀、小毛刷、砂纸（360♯）、刀片、上光蜡等。

2. 准备制冷器具

断电清理：拔去电源插头，清理需修复电冰箱内胆或端档、柜口所在腔内的物品。

二、操作步骤

步骤 1　开裂处清理

用干净的抹布将开裂处擦拭干净。裂口宽度较小时，用刀片将裂缝切成宽约 2 mm 的缝隙，以便修补时让胶黏剂渗入裂缝中，增强修补后的强度。在缝隙的两端要做圆弧过渡处理，保证在粘完后不会继续朝外延伸开裂。用细砂纸仔细打磨开裂缝隙处，要保证清洁、干净、无杂质。

步骤 2　胶黏剂配制

取同材质的塑料废料，用剪刀将其剪碎，与化学溶剂丙酮（或乙酸乙酯）按照质量比 1∶1 混合在一个玻璃容器中，至完全溶解成糊状。

步骤 3　粘接修复

用小毛刷蘸取胶黏剂，涂于裂缝处，涂到胶黏剂稍高出部件平面即可。放置干燥，保证胶黏剂完全凝固（6 h 左右）。用刀片将胶黏剂刮平，然后选用 360♯ 砂纸进行打磨，保证平整。待打磨完成后用上光蜡上光还原。

步骤 4　内胆开裂处有蒸发器管路的情况

如果内胆开裂处正好处于蒸发器的位置，为了提高修复效果，防止再次开裂，修复步骤如下：

（1）从同质塑料废料上剪一块比内胆开裂面积稍大的固定板。

（2）开后背，找准内胆开裂位置，挖开发泡层，分开蒸发器和内胆。

（3）将剪下来的内胆固定板从内侧粘在开裂处，再固定好蒸发器。

（4）重新发泡，盖上后背。

（5）再处理内胆开裂处，方法同步骤1～3。

步骤5　恢复

开裂问题修复完成后，用干净抹布彻底清洁内胆或柜门端档、柜口，将制冷器具内容器及物品恢复原位，通电运行，确认其运行正常。

三、注意事项

1. 必须断电后再操作。

2. 大多数胶黏剂具有一定的挥发性和刺激性，须注意防火安全以及通风。

3. 在保证胶黏剂完全覆盖住裂口的同时，涂抹面积要尽可能小。

4. 在胶黏剂固化时不能用电吹风吹干，以免出现内胆脱层等问题。

5. 在维修过程中维修人员要向用户说明造成内胆开裂的原因。用户在使用电冰箱过程中要避免内胆与有机溶剂和油脂类物质的接触，因有机溶剂和油脂会加速内胆的老化，造成开裂。

 学习单元4　家用制冷器具箱体清洗

 学习目标

➤ 了解家用制冷器具箱体的清洗方法

➤ 能清洗家用制冷器具箱体污垢

 知识要求

家用制冷器具使用一段时间以后，由于生冷食物长期放在密闭空间里，会滋生细菌；而且各种食物的残渣、油渍容易黏附在箱体内壁上或容器中。这些都会导致冷藏食物的污染，从而影响人们的身体健康。因此，家用制冷器具应定期对箱体内外进行清洗，去除污垢。

清洗箱体时可以用软布蘸上清水或食具洗洁精轻轻擦洗，然后蘸清水将洗洁精拭去。不能用洗衣粉、去污粉、滑石粉、碱性洗涤剂、开水、油类、刷子等清洗电冰箱，因为这些洗涤用品会损伤箱外涂覆层和箱内塑料零件。如果箱体上的积垢过多，可用毛巾沾上牙膏涂擦后再用清水擦净，这样不会损伤漆面。

箱内附件脏污、积垢时，应拆下用清水或洗洁精清洗，电气元件表面应用干布擦拭。另外，家用制冷器具的门封条是极易聚积污垢的地方，特别是门封条的凹槽内要重点清洗。

清洗工作结束后，应等电冰箱完全干燥后再放入食品。将电源插头牢牢插好，使之启动工作。此外，电冰箱长时间不使用时应拔下电源插头，将箱内擦拭干净，待箱内充分干燥后再将箱门关好。

 技能要求

清洗家用制冷器具箱体污垢

一、操作准备

1. 准备工具
操作时应准备以下工具：抹布、干毛巾、食具洗洁精、水盆、醋、牙膏等。

2. 准备制冷器具
（1）断电清理

拔去电源插头，将箱体内的食品拿出，如图 2—42 所示。

图 2—42　断电清理

（2）冷冻室化霜

在制冷器具底下垫些毛巾，防止冷冻室化霜水溢出，如图 2—43 所示。

二、操作步骤

步骤 1　清洗附件
将电冰箱冷藏室内的搁架、果蔬盒、瓶框小心取出。用抹布蘸着混有洗洁精的水擦洗附件，清洗完毕，用抹布擦干，或者放在通风干燥处，让其自然风干。将冷冻室内的抽屉依次抽出，冷冻的食物可以存放在抽屉中。

步骤2　清洗箱体外部

对电冰箱外壳和门体进行清洗，用微湿柔软的布擦拭电冰箱的外壳和拉手。对于油渍比较多的地方，可以蘸点洗洁精或牙膏擦洗，效果更好。

步骤3　清洗箱体内胆

用软布蘸上清水或洗洁精轻轻擦洗冷藏室内胆，然后蘸清水将洗洁精拭去。清洁电冰箱的开关、照明灯和温控器等设施时，应把抹布拧得干一些，如图2—44所示。

图2—43　垫毛巾　　　　　　　　图2—44　清洗箱体内胆

冷冻室内化霜完成后，用毛巾将化霜水擦拭干净，然后再采用上述方式清洗。

清理箱门内胆。按与以上相同的方式清洗箱门内胆后，用软布蘸取1∶1（体积比）醋水擦拭门封条，如果有黑色的污垢斑点，可用旧牙刷沾上洗洁精擦拭，再用干布擦干。

步骤4　恢复

清洁完毕，将制冷器具内容器及物品恢复原位，通电运行，确认其运行正常。

三、注意事项

1. 必须断电后再操作。

2. 不要用酸、碱溶液或有机溶剂擦洗箱体。

3. 不要用热水擦洗电冰箱，不要用水冲洗电冰箱的外壳和内胆。

4. 不要用锐器刮除污垢。

学习单元 5　家用制冷器具去除异味

学习目标

➤ 了解去除家用制冷器具异味、臭味的方法

➤ 能去除家用制冷器具内的异味、臭味

知识要求

家用制冷器具使用一段时间后，箱内（特别是冷藏室）容易产生异味。这主要是因为储存食品的残渣、残液长时间留在箱内，发生腐败变质，蛋白质分解、发霉等造成的，尤其是存放鱼、虾等海产品更容易有难闻的气味。而制冷器具内的潮湿环境容易滋生细菌，影响食品卫生及原味。因此，必须及时给家用制冷器具除味。

一、家用制冷器具异味的来源和防止方法

1. 家用制冷器具内异味的来源

（1）食物腐烂后产生的气味。

（2）长时间储存的蔬菜受组织内的酶作用所散发出的气味，经过一段时间后进一步分解将产生不同的臭味。

（3）鱼类、肉类成分中的三甲胺氧化物产生的气味。

（4）其他原因产生的气味。

2. 异味防止方法

（1）食品装袋储藏，特别是水果、蔬菜等，应先用水洗净，沥干，装入清洁的保鲜袋内，再进行储藏。

（2）能冷冻储藏的要冷冻储藏。对需要存放较长时间且不怕冷冻的食品，如肉、鱼、虾等食品，应先用清水洗净，沥干，分类装在保鲜袋中，扎紧口，放在冷冻室内进行冷冻储藏，以防变质。

（3）储藏带有内脏的食品，如鸡、鸭、鱼类，必须先把内脏除去，洗净，沥干。装入保鲜袋内进行冷冻储藏，以免内脏腐烂变质而污染其他食品，发出异味。

（4）生熟食品要分开储藏。熟肉、香肠、扒鸡、火腿等熟食一定要用保鲜袋包

扎好，放在专用的熟食搁架上，与生食及有强烈气味的食品分开，以免熟食被污染变质，出现异味。

（5）定期清洗箱体。在使用过程中，要定期用中性洗洁精和除臭精等对箱内进行清洗，为防止食品产生异味，也可用活性炭、电冰箱吸味剂（有的电冰箱装有电子除臭器）等除臭。

二、去除家用制冷器具异味的方法

家用制冷器具常用的去除异味的方法有化学法除臭、物理法除臭和电子法除臭。

1. 化学法除臭

化学法除臭是通过中和化学反应，将酸性臭气（或碱性臭气）通过化学反应中和成无臭成分，降低臭气成分的挥发性，达到清除或降低箱体内异味的目的。

2. 物理法除臭

物理法除臭是使用能够吸附异味的活性炭硅酸质离子的交换体，通过活性炭多孔表面吸附臭气分子除臭。

3. 电子法除臭

电子除臭器是利用高压电晕放电使空气电离，产生大量负氧离子和一定数量的臭氧，它们不但能消除电冰箱的异味，还具有杀菌、消毒作用。同时负氧离子还能抑制瓜果、蔬菜内部的生化过程，起到保鲜作用。

家用制冷器具的异味主要来自于冷藏室，冷冻室化霜化冻时有时也会产生异味。对冷藏室发出的异味，可直接放入除味剂或电子除臭器等消除，也可以停机对冷藏室进行彻底清洗。对冷冻室中的异味，要切断电源，打开箱门，化霜并清洗干净后，用除味剂或吸附剂等清除。

在对家用制冷器具进行清洗、除味时，还应进行消毒处理。采用高效的专用消毒剂对箱体内部的滴水槽、隔板槽等死角进行喷射消毒。内壁、死角喷雾完成后，将冰箱门关闭5～10 min，让消毒剂充分杀菌，最后再用抹布擦干净。

 **技能要求**

去除家用制冷器具内异味

一、操作准备

采用不同方法进行除臭操作时应准备相关的除臭剂。

二、操作方法

方法 1 冰箱专用除味剂除臭

把制冷器具内的食物全部取出，将除味剂喷口对准箱体内各个角落进行直接喷射。然后关闭箱门，消毒 5～10 min。打开冰箱门，透气 1 min，制冷器具即可正常使用。

方法 2 物理吸附法除臭

活性炭除味：把活性炭包（见图 2—45）置于箱体内，除味效果较好。需要注意的是，活性炭包每使用一段时间就要放在太阳底下晒一晒才能继续使用，并且能取得更好的效果。

图 2—45 活性炭包

方法 3 其他方法除臭

茶叶除味：把 50 g 花茶装在纱布袋中，放入制冷器具内，可除去异味。1 个月后，将茶叶取出放在阳光下曝晒，可反复使用多次，效果很好，如图 2—46 所示。

食醋、苏打除味：取食醋或小苏打（碳酸氢钠）装在广口玻璃瓶内，打开瓶盖，放置在箱体内的上下层，就能消除异味。

柠檬、橘皮除味：将柠檬或橘皮切片，分散放置到箱内各层面，1～3 天后可有效减少箱体内的异味，如图 2—47 所示。

图 2—46 茶叶除味

图 2—47 柠檬除味

三、注意事项

1. 为了防止产生异味，应按照上文中的要求进行食品包装、分类储藏。

2. 清洗、消毒时不要用酸、碱溶液或有机溶剂擦洗箱体。

3. 电冰箱内的食物要及时清理，剩饭剩菜应尽快食用。

4. 要经常用酒精擦拭制冷器具的门把手和门封条，以达到杀菌、消毒的目的。

第 4 节 维修准备

 学习单元 1 维修用电气仪表的使用及检查

 学习目标

➤ 了解家用制冷器具维修用电气仪表的结构及功能

➤ 掌握家用制冷器具维修用电气仪表的使用方法

➤ 能检查各电气仪表是否符合使用要求

 知识要求

能使用简单的仪表对家用制冷器具的电气系统及制冷系统进行检测，是初级家用电器产品维修工应具备的专业技能之一。常用的电气仪表包括万用表、电流表、绝缘电阻表。

一、万用表

万用表是用来测量设备电气参数的多功能、多量程的测量仪表。可以用来测量交流电压、直流电压、直流电流、电阻及一些常用的电子元件等。有些万用表还可以用来测量交流电流、音频电平、电容量、电感量、频率等。

万用表分为指针式万用表（也称为模拟万用表）和数字式万用表，如图 2—48 所示。与指针式万用表相比，数字式万用表灵敏度高，精确度高，显示清晰，过载能力强，便于携带，使用简便。

1. 万用表的结构

万用表由表头（测量机构）、表盘（显示器）、转换开关、测量表笔及其插孔四

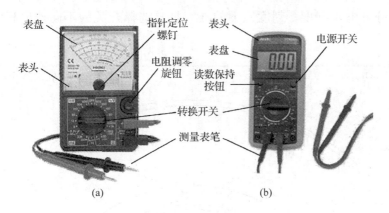

图 2—48　万用表

a) 指针式万用表　b) 数字式万用表

个主要部分组成。

（1）表头

表头是万用表的重要组成部分，决定了万用表的灵敏度。指针式万用表的表头是一个磁电式直流电流表，表头由表针、磁路系统和偏转系统组成。另外，表头上还设有指针定位螺钉和电阻调零旋钮。前者用以校正表针静止时在左端的零位，后者的作用是当红、黑两表笔短接时，表针应指在电阻（欧姆）挡刻度线的右端"0"的位置，如果不指在"0"的位置，可调整该旋钮使其到位。需要注意的是，每转换一次电阻挡的量程，都要调整该旋钮，使表针指在"0"的位置上，以减小测量的误差。

数字式万用表的表头一般由 A/D（模拟/数字）转换芯片＋外围元件＋液晶显示器组成。

（2）表盘

表盘是输出测量值的部件，有数字显示和指针指示两种形式。

指针式万用表的表盘由多种刻度线以及带有说明作用的各种符号组成。只有正确理解各种刻度线的读数方法和各种符号所代表的意义，才能熟练、准确地使用万用表。以 MF—47 型万用表（见图 2—49）为例，表盘上共有 6 条刻度线。从上往下数，第 1 条刻度线为电阻挡专用线，用符号"Ω"表示，其右端表示零，左端表示∞，刻度值分布是不均匀的；第 2 条刻度线为交流电压、直流电压、直流电流共用线，用符号"V"和"mA"表示；第 3 条刻度线用于测量晶体管放大倍数，用字母"h_{FE}"表示；第 4 条刻度线用于测量电容量，用字母"C（μF）50Hz"表示；第 5 条刻度线用于测量电感量，用字母"L（H）50Hz"表示；第 6 条刻度线为 dB

线，表示分贝电平刻度。刻度线下的数字是与选择开关的不同挡位相对应的刻度值。

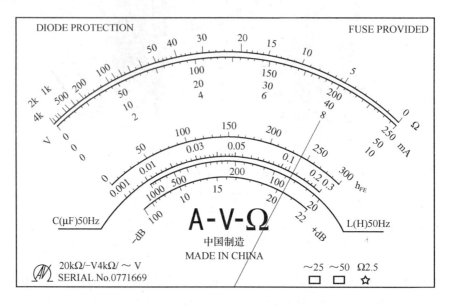

图 2—49　指针式万用表表盘

（3）转换开关

转换开关用来选择被测电量的种类和量程（或倍率），是一个多挡位的旋转开关。在其周边绘制有挡位符号及挡位量程。一般的万用表测量项目包括："mA"——直流电流；"V—"或"DCV"——直流电压；"V～"或"ACV"——交流电压；"Ω"——电阻。每个测量项目又有几个不同的量程（或倍率）以供选择。如图 2—50 所示，某型号数字式万用表的转换开关可选择的量程包括以下几种：

图 2—50　数字式万用表转换开关

直流电流挡和交流电流挡，测量挡位均分为 2 mA、20 mA、200 mA 和 20 A。

欧姆挡（电阻挡），测量挡位包括 200 Ω、2 kΩ、20 kΩ、200 kΩ、2 MΩ、20 MΩ 和 200 MΩ。

直流电压挡和交流电压挡，测量挡位有 200 mV、2 V、20 V、200 V、1 000 V（交流为 700V）。

电容量挡，测量挡位有 2 nF、20 nF、200 nF、2 μF、200 μF。

（4）表笔和表笔插孔

表笔又称测电棒，用绝缘塑料制成，用于连接万用表与测试点。万用表测量用表笔分为红、黑两只。指针式万用表使用时应将红色表笔插入标有"＋"号的插孔中，黑色表笔插入标有"－"号的插孔中。数字式万用表使用时应将黑色表笔插入"COM"插孔，红色表笔则根据测量量的不同，配合转换开关，分别选择"V/Ω""A""mA"插孔。

2. 万用表的使用方法

（1）指针式万用表

以 MF—47 型万用表为例来说明指针式万用表的使用方法，如图 2—51 所示。

1）测量前的准备。在使用万用表之前，应先进行机械调零，即在没有被测电量时，使万用表指针指在零电压或零电流的位置上。如有偏离，可用小旋具轻轻转动表头上的指针定位螺钉，使表针指零。

图 2—51　MF—47 型万用表

万用表在使用时必须水平放置，以免造成误差。同时，还要注意避免外界磁场对万用表的影响。读数时眼睛要与指针保持垂直。根据所测电量读取表头上表盘的刻度值。

2）直流电流的测量。测量时，先将转换开关旋在合适的电流量程挡位上，再把面板上的两个正、负测量插孔通过表笔串接在被测电路中，待测电流经万用表使指针偏转，读数时用第 2 条刻度线。量程开关所指示的挡位值即为指针满偏转时的数值，如指针指在其他位置，则按比例折算。

3）直流电压的测量。测量时，先将转换开关旋在合适的电压量程挡位上，然后将表笔通过测量插孔并联在被测电路上进行电压的测量。读数方法同上。

4）交流电压的测量。万用表的交流电压挡只能测正弦交流电压，且仅适用于45～1 000 Hz 的频率范围。测量方法与测直流电压相同。测 10 V 以上的电压用第 2 条刻度线；当测 10 V 以下的小电压时，必须用第 3 条特设的刻度线，否则读数误差很大。

5）电阻的测量。为了满足测量各种大小的电阻阻值的需要，MF—47 型万用表的电阻挡设有 R×1、R×10、R×100、R×1 k、R×10 k 五个挡位，它们共用一个"Ω"刻度线，读数时应用刻度的指示乘以"Ω"挡位的倍率，才得到实际的电阻值（单位为欧姆）。例如，选用 R×10 挡测量，指针指示 5，则被测电阻阻值为 5×10＝50Ω。

测量电阻时，每换一次挡位都要进行调零，就是把万用表的红色表笔和黑色表笔分别插入"＋""－"插孔中，将笔头搭在一起，然后转动电阻调零旋钮，使指针指向零的位置（调不到零时要更换新电池）。然后即可将红、黑表笔并联到被测电阻两端引脚上进行电阻的测量。

要特别注意，在测量电阻时切勿带电测量，必须先切断电路中的电源，如果电路中有电容则应先放电。

6）电容的测量。先用导线对电容放电。使用万用表的电阻挡进行测量，表笔交换接电容两极，表针应有一个明显的摆动角度，如果电容量较小，就要选择较高的电阻挡，积累经验后就可以估测电容量的大小。

测量电容漏电电阻：如果电容量较大，应先用较低的电阻挡对电容充电，再迅速拨到较高的电阻挡，经过一段时间后，指针停在某一刻度上，其读数即为漏电电阻。电容量较小的电容可直接用高电阻挡测量。测有极性的电解电容时，黑色表笔接电解电容的正极，红色表笔接电解电容的负极，测出的是电解电容的正向漏电电阻；如果黑色表笔接负极，红色表笔接正极，则测出的是反向漏电电阻。

7）测量后的处理。万用表使用完毕应拔出表笔，将选择开关旋至"OFF"挡，若无此挡，应将转换开关置于交流电压的最大挡。如果长期不使用，还应将万用表内部的电池取出，以免电池腐蚀表内其他元器件。

（2）数字式万用表

下面以 DT9101 型数字式万用表为例说明其使用方法，如图 2—52 所示。

图 2—52　DT9101 型
数字式万用表

1）直流、交流电压测量。将黑色表笔插入 COM 插孔，红色表笔插入 V/Ω 插孔。打开电源开关。将转换开关置于 DCV/ACV 量程范围内，并将表笔并联在被测负载上。在显示电压读数时，直流量同时会指示出红色表笔的极性。

在测量之前不知被测电压的范围时，应将功能开关置于高量程挡后逐步调低。测量时，仅在最高位显示"1"时，说明已超过量程，须调高一挡。当误用交流电压挡去测量直流电压，或者误用直流电压挡去测量交流电压时，显示屏将显示"000"，或低位上的数字出现跳动。

2）直流、交流电流测量。将黑色表笔插入 COM 插孔。当被测电流在 2 A 以下时，红色表笔插入 A 插孔；如果被测电流为 2～20 A，则将红色表笔移至 20 A 插孔。转换开关置于 DCA/ACA 量程范围内，并将表笔串联在被测电路中，直流量的极性将在数字显示的同时指示出来。

20 A 插口没有用熔断器，测量时间应小于 15 s。

3）电阻测量。将黑色表笔插入 COM 插孔，红色表笔插入 V/Ω 插孔（注意：红色表笔极性为"＋"）。将转换开关置于所需的欧姆挡量程上，将表笔跨接在被测电阻上，直接读数即可。

当输入开路时，会显示过量程状态"1"。如果被测电阻超过所用量程，则会超量程指示"1"，此时需换用高挡位量程。当被测电阻在 1 MΩ 以上时，可能在数秒后方能稳定读数，对于高电阻测量来说这是正常的。

检测在线电阻时，需要确认被测电路已断开电源，同时电容已放电完毕，方能进行测量。

4）电路通断检查。将黑色表笔插入 COM 插孔，红色表笔插入 V/Ω 插孔。将转换开关置于"♪ ⊬ "量程并将表笔跨接在待检查的电路两端。若被检查两点之间的电阻小于 30 Ω，则蜂鸣器会发出声响。

当输入端接入开路时显示过量程"1"。被测电路必须在切断电源的状态下检查通断，因为任何负载信号将使蜂鸣器发声，导致判断错误。

5）测量后的处理。万用表使用完毕应拔出表笔，将电源开关置于"OFF"。如果长期不使用，还应将万用表内部的电池取出，以免电池腐蚀表内其他元器件。

3. 万用表的使用注意事项

（1）在使用万用表测量的过程中，不能用手接触表笔的金属部分，以免影响测量的准确性，防止触电事故。应特别注意的是，在测量高压时，应避免人体接触到高压电路。

（2）应在关掉电路电源的情况下用万用表测量电阻，否则会损坏万用表或电路板。

（3）如果被测电量范围未知，应将转换开关置于较高挡后逐步调低。

（4）在测量某一电量时，不能在测量的同时换挡。尤其是在测量高电压（220 V以上）或大电流（0.5 A以上）时更应注意，否则会损坏万用表。如需换挡，应先断开表笔，换挡后再进行测量。

（5）测量晶体管、电解电容等有极性元件的等效电阻时，应注意表笔的极性。

（6）万用表使用完毕，应及时关闭万用表电源或将转换开关置于交流电压的最大挡。如果长期不使用，应将万用表内部的电池取出来，以免电池腐蚀表内其他元器件。

（7）当显示"BATT"或"LOW BAT"时，表示电池电压低于工作电压，应更换电池。

二、电流表

电流表是测量、显示用电元器件即时电流的仪表。根据电流表的连接方式不同，分为串接入电气线路中的直连式电流表（见图2—53a）及通过互感器转换测量信号的钳形电流表（见图2—53b）。根据测量电流的类型不同可分为直流电流表和交流电流表。根据显示方式不同可分为指针式和数字式。

(a)

(b)

图2—53　电流表

a）直连式电流表　b）钳形电流表

直连式电流表的结构及使用方法与万用表相同，此处不再详述。以下简单介绍钳形电流表的结构及使用方法。

1. 钳形电流表的结构

钳形电流表简称钳形表，又称卡表，一般用于测量 500 V 以下电压电路中的交流电流。

通常用直连式电流表测量电流时，需要将电路切断并停机后才能将电流表接入进行测量，这是很麻烦的，有时正常运行的电动机不允许这样做。此时，使用钳形电流表就方便得多，可以在不切断电路的情况下测量电流。

钳形电流表的结构如图 2—54 所示，由磁电式电流表（或检测电路）、电流互感器、铁心及二次绕组、胶木手柄、转换开关等组成。

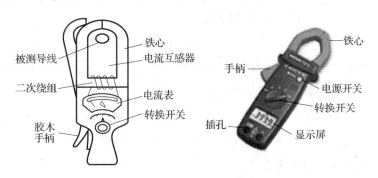

图 2—54　钳形电流表的结构

测量时，将钳口打开，把被测载流导线放在电流互感器铁心的中间，然后闭合钳口。在被测电流的作用下，电流互感器铁心中产生了交变磁场，交变磁场又使二次绕组中产生与载流导线有一定比值关系的电流。用磁电式电流表（或检测电路）测得二次绕组的电流值，便可确定载流导线中的电流。测量时，可以通过拨动转换开关，改换不同的量程。

钳形表一般准确度不高。除了测量交流电流外，有些钳形表还具有测量交直流电压、交直流电流、电容容量、二极管、三极管、电阻、温度、频率等功能。

2. 钳形电流表的使用方法

（1）指针式钳形表校零

通过调整旋钮调整钳形电流表的指针稳定在零刻度处。

（2）选择量程

用经验估计，如不能确定被测电气元件的电流范围，应先用最大量程测量，根据显示数值再选择合适的量程。

（3）钳入导线

使被测导线进入钳口后闭合钳口。注意不能钳入构成回路的两根导线。

（4）读取、记录测得的电流数值

读取数据时，应将被测导线放在钳口的中心位置；记录数据时应注意钳形电流表的挡位，读取的数值应乘以挡位倍数。

（5）如果使用最小挡位测得的数值很小（电流表指针转角很小），可以将导线在钳臂上盘绕数匝后再测量，将读数除以匝数，即为被测导线的实测电流值。

（6）测量完毕，要将转换开关放在最大量程处。

3. 钳形电流表的使用注意事项

（1）不得用钳形电流表测高压线路的电流，被测电路的电压不能超过钳形电流表所规定的使用电压，以防绝缘击穿致人身触电。

（2）测量前应先估计一下被测电流的数值范围，以选择合适的量程，或先选用较大的量程测量，然后再视电流的大小选择适当的量程。但拨挡时不允许带电进行操作。被测电流不要超过电流表的量程。

（3）为使读数准确，被测载流导线的位置应放在钳口中间，钳口的两表面应紧密闭合。如果有杂声，可将钳口重新开合一次；如铁心仍有杂声，应将钳口铁心两表面上的污垢擦净后再测量。

（4）测量后，应把转换开关放在最大的电流量程上，以免下次使用时由于未经选择量程而损坏仪表。

三、绝缘电阻表

为了保证使用者的人身安全，防止触电事故，家用电器应具有良好的电气安全性能。衡量安全性能的一个重要指标是绝缘电阻值。电器的绝缘电阻值表征的是其绝缘材料的绝缘能力，一般用家用电器带电部分与外露非带电金属部分之间的电阻值来表示。

普通电阻的测量通常有低电压下测量和高电压下测量两种方式。而绝缘电阻由于一般数值较高（一般为兆欧级）。在低电压下的测量值不能反映在高电压条件下工作时的真正绝缘电阻值。因此测量绝缘电阻的仪表应能提供高压电源，这种仪表称为绝缘电阻表。

绝缘电阻表测量的电阻值较高，一般以兆欧为单位，因此绝缘电阻表也被称为兆欧表。另外，绝缘电阻表大多采用手摇发电机供电，在测试时需摇动手柄，故又称摇表。

绝缘电阻表根据工作原理的不同可分为指针式和数字式两种，如图 2—55 所示。

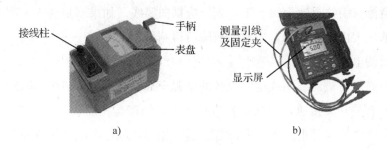

图 2—55　绝缘电阻表

a）指针式兆欧表　b）数字式兆欧表

1. 绝缘电阻表的结构

绝缘电阻表通过用一个直流电压作用在被测装置上，然后测量所产生的电流，利用欧姆定律测量出电阻。绝缘电阻表主要由直流高压发生器（用以产生直流高压）、测量回路和显示部分（表盘或显示屏）三部分组成。

（1）直流高压发生器

对于指针式兆欧表，大部分采用手摇发电机作为直流高压发生器。以一定的速度摇动手柄，表内线圈在磁场中的运动产生交流高压电，经过整流后变为直流输出。兆欧表的电压等级一般有 500 V、1 000 V、2 500 V、5 000 V 几种规格。

数字兆欧表的直流电压发生器由中大规模集成电路组成。工作原理为由机内电池作为电源经 DC/DC 变换产生的直流高压作用到被测装置上，从而产生电流，经过 I/U 变换经除法器完成运算，然后将被测的绝缘电阻值由显示屏显示出来。

（2）测量回路中包括整流电路、各运算电路等以及接线柱（一般为三个，即 L—线路端、E—接地端、G—屏蔽端）、测量用引线及固定夹等。

2. 绝缘电阻表的使用方法

（1）选用合适的绝缘电阻表

选用兆欧表时，要根据电器的工作电压来决定。如测量额定电压在 500 V 以下的设备或线路的绝缘电阻时，可选用 500V 或 1 000 V 兆欧表；测量额定电压在 500 V 以上的设备或线路的绝缘电阻时，应选用 1 000～2 500 V 兆欧表。一般情况下，测量家用制冷器具绝缘电阻时可选用 500 V，0～200 MΩ 量程的兆欧表。

（2）仪表检查

使用兆欧表测量绝缘电阻时，必须先切断电源，做一次开路试验和短路试验。当L和E两测量引线开路时，摇动手柄，表针应指向无穷大；如果用绝缘良好的单股线把两测量引线迅速短路一下，表针应摆向零线。如果不是这样，则说明引线连接不良或仪表内部有故障，应排除故障后再测量。

（3）被测电器准备

测量前必须将被测线路或电气设备的电源全部断开。测量绝缘电阻时，要把被测电器上的有关开关接通，使电器上的所有电器件都与兆欧表的引线有导线连接。如果有的电器件或局部电路不和兆欧表的引线相通，则这个电器件或局部电路就没有被测量到。对于有大容量电容器的被测电器，必须先放电再检测。

（4）接线测试

兆欧表三个接线柱E、L和G的接线方法依被测对象而定。测量器具对地绝缘时，被测电路接于L柱上，将接地端E柱接到地线上，如图2—56a所示。测量电动机与电气设备对外壳的绝缘时，将绕组引线接于L柱上，外壳接于E柱上，如图2—56b所示。测量电动机的相间绝缘时，L柱和E柱分别接于被测的两相绕组引线上。测量电缆芯线的绝缘电阻时，将芯线接于L柱上，电缆外皮接于E柱上，绝缘护层接于G柱上，有关测量接线如图2—56c所示。

接线完成后，顺时针摇动兆欧表手柄，速度应为120 r/min左右。保持稳定转速1 min后，取读数，与标准值进行比较，判断绝缘性能的好坏。一般新电动机或者重新绕过线圈的电动机绝缘电阻值应当大于5 MΩ。

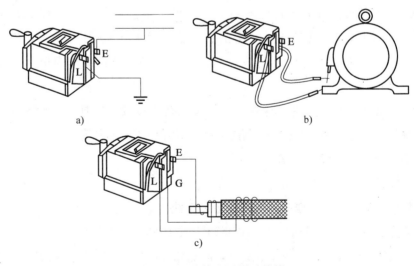

图2—56　绝缘电阻测试接线

（5）测量完毕，整理

测量完毕应先拆线，后停止摇动兆欧表。以防止电气设备向兆欧表反充电导致仪表损坏。对于大电容被测设备也要放电。

3. 绝缘电阻表的使用注意事项

（1）兆欧表的量程要与被测绝缘电阻值相适应，兆欧表的电压值要接近或略大于被测设备的额定电压。

（2）兆欧表使用的引线必须是绝缘线，且不宜采用双股绞合绝缘线，其引线的端部应有绝缘护套。各引线不能绞在一起，要分开。

（3）禁止在雷电时或高压设备附近测绝缘电阻，只能在设备不带电，也没有感应电的情况下测量。

（4）测量绝缘电阻时，应使兆欧表转速为 120 r/min，一般以兆欧表摇动一分钟时测出的读数为准，读数时要继续摇动手柄。

（5）测量中，若表针指示到零，则应立即停摇，如果继续摇动手柄，则有可能损坏兆欧表。

（6）由于兆欧表输出引线固定夹上有直流高压，所以使用时应注意安全，测试过程中两手不得同时接触两根线。

（7）测试完毕应先拆线，后停止摇动兆欧表。以防止电气设备向兆欧表反充电导致摇表损坏。

（8）要定期校验其准确度。

四、仪表的选用及维护

1. 准确度的选择

准确度也称为精度，它表示测量值与被测信号的实际值的接近程度，也反映测量误差的大小。一般来说，准确度越高，测量误差就越小，反之亦然。万用表的准确度是一个很重要的指标，它反映万用表的质量和工艺能力，准确度差的万用表很难表达出真实的值，容易引起测量上的误判。

精度通常使用读数的百分数表示。例如，精度等级为 1.0 级的仪表具有 1% 的读数精度，其含义是测量电压显示 100.0 V 时，实际的电压范围应为 99.0~101.0 V。对于数字万用表来说，在详细说明书中可能会有特定数值加到基本精度中，它的含义就是，对显示的最右端进行变换要加的数字。在前面的例子中，精度可能会标为 ±（1%＋2）。因此，如果万用表的读数是 100.0 V，实际的电压应在 98.8~101.2 V 范围内。

指针式万用表的精度是按全量程的误差来计算的，而数字式万用表的精度是按显示的读数来计算。因此，数字式万用表的准确度远优于指针式万用表。指针式万用表的典型精度是全量程的±2％或±3％。数字式万用表的典型基本精度在读数的±（0.7％＋1）～±（0.1％＋1），甚至更高。

因仪表的准确度越高，价格越贵，维修也较困难。而且，若其他条件配合不当，再高准确度等级的仪表，也未必能得到准确的测量结果。因此，在选用准确度较低的仪表可满足测量要求的情况下，就不要选用高准确度的仪表。电气仪表的精度范围一般为 0.5～2.5 级。0.5～1.0 级为高精度仪表，价格相应较高；作为工程测量使用，一般选用精度为 1.5 级的仪表即可。

2. 灵敏度

灵敏度也称分辨率，指仪表测量结果的最小量化单位，即可以看到被测信号的微小变化。

指针式万用表的灵敏度用表头的满偏电流表示。如某万用表表头的左下角标有"5 000 Ω/V"字样，它表示电表表头的满偏电流 $I_g＝U/R_v＝1/5\,000＝200$（μA），表头的满偏电流越小，电表越灵敏。灵敏度可分为直流电压灵敏度、交流电压灵敏度和表头灵敏度三个指标，它们被分别以每伏多少欧（Ω/V）标印在表度盘上，其中，直流电压灵敏度是主要指标。国产万用表表头灵敏度一般为 10～100 μA。

数字式万用表的分辨率则指最低量程上末位一个字所对应的电量值，如 31/2 位或 41/2 位数字式电流表的分辨力为 100 μA 和 10 μA。

3. 量程的选择

要充分发挥仪表准确度的作用，还必须根据被测量的大小，合理选用仪表量程，如选择不当，其测量误差将会很大。一般使仪表对被测量的指示大于仪表最大量程的 1/2～2/3 或以上，但不能超过其最大量程。

兆欧表的选用主要是选择兆欧表的电压及其测量范围，表 2—2 列出了在不同情况下选择兆欧表的要求。

表 2—2 兆欧表的电压及测量范围的选择

被测对象	被测设备的额定电压（V）	所选兆欧表的电压（V）
弱电设备、线路的绝缘电阻	100 以上	50～100
线圈的绝缘电阻	500 以下	500
发电机线圈的绝缘电阻	380 以下	1 000
电气设备的绝缘电阻	500 以下	500～1 000

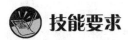 **技能要求**

电气测量仪表的检查

一、灵敏度及量程的检查

电气仪表在选用时，需要检查其量程、精度与灵敏度等指标是否满足测量的要求。量程的选择及精度、灵敏度的选择均在本节"知识要求"中做了介绍，此处不再详述。

二、兆欧表的检查

兆欧表是专门用来检测电气设备绝缘电阻的携带式仪表，它的性能往往受使用频率、使用方法、工作环境和保护管的影响。因此，在使用兆欧表之前，必须对其进行细致的检查，确认无误后方能使用。以带手摇发电机的指针式兆欧表为例，说明基本检查项目和检查方法如下：

1. 检定合格证的检查

按照我国有关计量法律法规的规定，兆欧表属于强制检定计量器具，必须经由计量检定部门每年进行一次检验测试。检定合格证为年检合格的凭据，而超出检定期限或多年使用且从未送检的兆欧表，其测试性能和技术指标难以保证。

2. 外观检查

主要是检查兆欧表的指针、表玻璃、接线柱（端钮）、测试线、摇柄、外壳和提手等可视部位有无损坏；表针是否产生弯曲、变形等；接线柱金属部分不得锈蚀，绝缘钮不得破裂；测试线主要是内芯不得断线，绝缘外皮不得损伤；其他部位若有损伤，则表明该表曾经受到过机械性损伤，其技术性能和使用性能也必受影响。

3. 开路和短路实验

见知识要求部分内容，不再详述。

4. 量程的选择

见知识要求部分内容，不再详述。

学习单元 2　温度、压力仪表的使用及检查

 学习目标

➤了解家用制冷器具维修用温度、压力仪表的结构及功能

➤掌握家用制冷器具维修用温度、压力仪表的使用方法

➤能检查各温度、压力仪表是否符合使用要求

 知识要求

检测家用制冷器具的制冷系统时，经常需要进行温度和压力的测量。常用的仪表包括各种温度计及压力表。

一、温度计

温度计是用来准确判断和测量温度的仪表。依据工作原理可分为：玻璃管温度计（常用的是水银温度计）、电阻温度计、热电偶温度计、压力式温度计、红外温度计等。按照温度显示的方式可分为指针式温度计和数字式温度计。常用的各种温度计的工作原理及使用方法如下：

1. 水银温度计

水银温度计是玻璃管温度计的一种，利用水银热胀冷缩的原理来实现温度的测量（见图 2—57）。一般用来测量 0～150℃或 0～500℃范围以内的温度。水银温度计的优点是结构简单，使用方便，测量精度相对较高，价格低廉。缺点是测量上下限和精度受玻璃质量与测温介质的性质限制。且只能就地测量，不能远传，易碎。

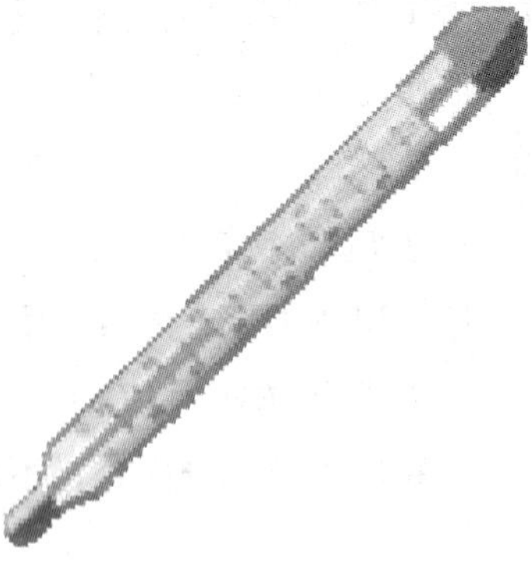

水银温度计一般适用于气体和液体介质的直接接触式温度测量。使用水银温度计时，首先要看清它的量程（测量范围），然后看清它的最小分度值，也就是每一小格所表示的值。要选择适当的温度计测量被测物体的温度。测量时温度计的玻璃泡应与被测物体充分接触，且玻璃泡不能碰

图 2—57　水银温度计

到被测物体的侧壁或底部；读数时温度计不要离开被测物体，且眼睛的视线应与温度计内的液面相平。使用时还应注意：

（1）使用前应进行校验（可以采用标准液温多支比较法进行校验或采用精度更高的温度计校验）。

（2）不允许使用温度超过该种温度计最大刻度值的测量值。

（3）温度计有热惯性，应在温度计达到稳定状态后读数。读数时应在温度计内液面凸形弯曲面的最高切线方向读取，目光直视。

（4）水银温度计应与被测工作介质流动方向相垂直或呈倾斜状。

在家用制冷器具维修过程中，水银温度计一般用于其他温度计的辅助校验。

2. 电阻温度计

电阻温度计是根据电阻值随温度变化这一特性制成的，分为金属电阻温度计和半导体电阻温度计。金属温度计的主要材料有铂、铜、镍等纯金属的及铑铁、磷青铜合金等；半导体温度计的主要材料有碳、锗等。电阻温度计具有输出信号大、测温精度高、电阻信号便于远传等优点，缺点是热惯性大、在使用时需要外供电源、连接导线易受环境影响而产生测量误差。它的测量范围为－260～600℃。

现在工业生产中得到广泛应用的是铂电阻温度计。将 0℃时铂电阻阻值定义为分度号，常用铂电阻的分度号有 Pt 10、Pt 100、Pt 500、Pt 1000 等。Pt 10 表示铂电阻在 0℃时的电阻值为 10 Ω。分度号越大，铂电阻温度计的分辨率越高。半导体温度计又称为热敏电阻温度计，常用于家用制冷器具的温度控制功能中。

（1）电阻温度计的结构

电阻温度计一般由热电阻（电阻体、绝缘管和保护套管）、连接导线和显示仪表三部分组成。根据结构不同，热电阻温度计可分为普通型热电阻温度计、铠装型热电阻温度计、端面型热电阻温度计三种。

1）普通型热电阻温度计（见图 2—58）。从热电阻的测温原理可知，被测温度的变化是直接通过热电阻阻值的变化来测量的，因此，热电阻体的引出线等各种导线电阻的变化会给温度测量带来影响。

2）铠装型热电阻温度计（见图 2—59）。铠装型热电阻温度计由感温元件（电阻体）、引

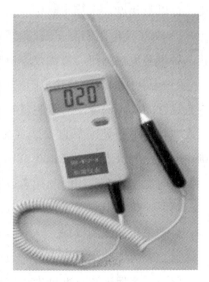

图 2—58　普通型热电阻温度计

线、绝缘材料、不锈钢套管组合而成的坚实体，它的外径一般为 1～8 mm。与普通型热电阻温度计相比，它的优点有：体积小、热惯性小、耐振、抗冲击、便于安装、使用寿命长。

3）端面型热电阻温度计（见图 2—60）。端面型热电阻温度计感温元件由特殊处理的电阻丝材绕制，紧贴在温度计端面。它与一般轴向热电阻相比，能更正确和快速地反映被测端面的实际温度，在家用制冷器具维修中，一般用于测量压缩机缸壁和管件的端面温度。

图 2—59　铠装型热电阻温度计　　　图 2—60　端面型热电阻温度计

（2）电阻温度计的安装及使用

对电阻温度计的安装，应注意有利于测温准确、安全可靠及维修方便，而且不影响设备运行和生产操作。要满足以上要求，在选择电阻的安装部位和插入深度时要注意以下几点：

1）为了使电阻的测量端与被测介质之间有充分的热交换，应合理选择测点位置，尽量避免在阀门、弯头及管道和设备的死角附近装设热电阻。

2）带有保护套管的热电阻有传热和散热损失，为了减少测量误差，热电阻应该有足够的插入深度。对于测量管道中心流体温度的热电阻，一般都应将其测量端插入到管道中心处（垂直安装或倾斜安装）。如被测流体的管道直径是 200 mm，则热电阻插入深度应选择 100 mm。

电阻温度计在使用时须注意以下几点：

第一，热电阻和显示仪表的分度号必须一致；为了消除连接导线电阻变化的影响，必须采用三线制接法。

第二，为了减少热电阻的时效变化，应尽可能避免处于温度急剧变化的环境。

第三，为保证测量准确度，应在经过充分接触换热以后再开始测量。

第四，如果引线间或者绝缘体表面上附着有水滴或灰尘，会使测量结果不稳定并产生误差，因此，要注意使电阻温度计具有防水、耐湿、耐寒等性能。

3. 热电偶温度计

热电偶温度计是一种工业上广泛应用的测温仪器，利用温差电现象制成。其工作原理是用两种不同的金属丝焊接在一起形成工作端，另两端与测量仪表连接，形成电路。把工作端放在被测温度处，工作端与自由端温度不同时，就会出现电动势，因而有电流通过回路。通过测量电学量，利用已知处的温度，就可以测定另一处的温度。

热电偶温度计适用于温差较大的两种物质之间，多用于高温和低温测量。有的温差电偶能测量高达 3 000℃ 的高温，有的能测量接近绝对零度的低温。用热电偶测量 500℃ 以下温度时，热电势小，测量精度低，因此在家用制冷器具维修中应用较少。

4. 压力式温度计

压力式温度计是利用封装于密闭容器内的工作介质随温度升高而压力升高的性质，通过测量工作介质的压力来测量温度的一种机械式测温仪表。

压力式温度计的结构如图 2—61 所示。在温度计的密闭系统中，填充的工作介质可以是液体、气体和蒸气。仪表中包括感温包、金属毛细管、基座和具有扁圆或椭圆截面的弹簧管。弹簧管一端焊在基座上，内腔与毛细管相通，另一端封死为自由端。在温度变化时，温度计的压力变化，使弹簧管的自由端产生角位移，通过拉杆、齿轮传动机构带动指针偏移，在刻度盘上指示出被测温度。

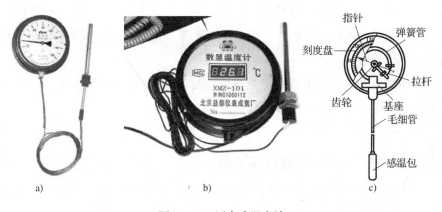

图 2—61　压力式温度计

a) 指针式　b) 数字式　c) 结构图

压力式温度计的测量范围为 −80～600℃，适用于测量近距离内各种液体、气体和蒸气的温度。压力式温度计的特点如下：

（1）结构简单，价格便宜。

（2）抗振性好，防爆性好。除电接点式外，一般压力式温度计不带任何电源。

（3）读数方便清晰，信号可以远传。

（4）热惯性较大，动态性能差，示值的滞后较大，不易测量迅速变化的温度。

（5）测量准确度不高，只适用于一般工业生产中的温度测量。

5. 红外线测温仪

红外线测温仪是一种非接触式的测温仪表（见图2—62），一般由光学系统、光电探测器、信号放大器及信号处理、显示输出等部分组成。光学系统汇聚其视场内的目标红外辐射能量，红外能量聚焦在光电探测器上并转变为相应的电信号，该信号再经换算转变为被测目标的温度值。

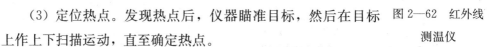

红外测温仪可快速进行温度测量，另外由于红外测温仪坚实、轻巧，且不用时易于放在皮套中，在日常检验工作中携带方便。因此，红外测温仪可用于家用制冷器具中管道、压缩机壁面温度的测量。红外测温仪使用时应注意以下问题：

（1）只测量表面温度，红外测温仪不能测量内部温度。

（2）红外测温仪最好不用于测量光亮的或抛光的金属表面的温度（如不锈钢、铝等）。

（3）定位热点。发现热点后，仪器瞄准目标，然后在目标
上作上下扫描运动，直至确定热点。

图2—62　红外线
测温仪

（4）注意环境条件，如蒸气、尘土、烟雾等，它阻挡仪器的光学系统而影响测温精度。

（5）环境温度，如果测温仪突然暴露在环境温差为20℃或更高的情况下，允许仪器在20 min内调节到新的环境温度。

 相关链接——温度计量单位

国际上常用的温度单位有三种：热力学温度（K）、摄氏温度（℃）和华氏温度（℉）。

热力学温度：宇宙中温度下限为－273℃，称为绝对零度。以绝对零度为起点的温度称为热力学温度。－273℃＝0 K

摄氏温度：冰水混合物的温度为0℃，在标准大气压下沸水的温度为100℃。

华氏温度：在标准大气压下，把水的冰点设为 32°F，把水沸点设为 212°F，把 32～212°F 平均分成 180 等份，每等份为 1°F。

三者关系：

T（热力学温度）＝t（摄氏温度）＋273

F（华氏温度）＝1.8×t（摄氏温度）＋32

二、压力表

1. 常用压力表

制冷系统检修时，经常需要对制冷系统的压力进行检测。冷媒压力表和一般压力表的结构一样，多为弹簧管式压力表。根据量程不同，一般将冷媒压力表分为低压表、高压表和真空表。如图 2—63 所示，低压表量程为 0～1.5 MPa 或 0～1.8 MPa；高压表量程为 0～3.5 MPa 或 0～3.8 MPa；真空表用于制冷系统抽真空时指示压力。

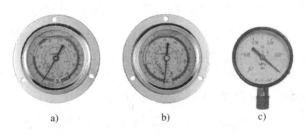

图 2—63　冷媒压力表

a）低压表　b）高压表　c）真空表

为了检修方便，实际使用中往往将高压表和低压表组合起来，称为复合式压力表阀组，俗称"双头压力表"。由高压表（压力通常为 0～3.5 MPa）、低压表（压力通常为－1～1.5MPa）、高压手动阀（HI）、低压手动阀（LO）、公用接口、阀体及 3 个软管接头组成，如图 2—64 所示。压力表组配有不同颜色的 3 根连接软管，一般规定蓝色软管用于低压侧（接低压工作阀），红色软管用于高压侧（接高压工作阀），黄色（也有绿色）软管用于中间，接真空泵或制冷剂罐。

复合式压力表阀组与制冷系统相接，可以用于系统压力检测、制冷剂排空、抽真空、加注制冷剂等操作。其使用方法见"技能要求"。

2. 压力表的选择

压力检测仪表的选择需考虑以下几个方面的因素：

（1）测压范围

为保证使用安全性，被测制冷系统最大工作压力应不超过仪表量程的 3/4。为保证准确度，最小工作压力应不低于满量程的 1/3。

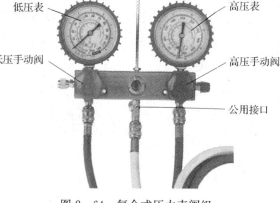

图 2—64　复合式压力表阀组

（2）被测介质的种类

冷媒压力表表盘上均有相关制冷剂的温度刻度线，可以实现压力与饱和温度的换算，方便使用。

（3）测试精度要求。

目前我国弹簧管压力表的常见精度等级有 4 级、2.5 级、1.6 级、1 级、0.4 级、0.25 级等。精度等级一般应在其刻度盘上进行标识，其标识也有相应规定，如"①"表示其精度等级是 1 级。应根据实际需要选择合适的精度等级。

3. 压力表的校验

压力表的校验就是将被校压力表和标准压力表通以相同压力，比较它们的指示值，如果被校表对于标准表的读数误差不大于被校表的最大允许绝对误差，则认为被校表合格。具体校验方法见"技能要求"。

 相关链接——压力计量基准及单位

根据测量要求，按零标准的方法，可分为绝对压力、表压力。

绝对压力是以完全真空作为零标准的压力。在用绝对压力表示低于大气压时，把该绝对压力称为真空度。

表压力是以当地大气压作为零标准的压力。通常，所谓压力就是指表压力。

常用压力单位有"工程大气压力"（kg/cm^2）、"毫米汞柱"（mmHg）、"毫米水柱"（mmH_2O）、"标准大气压"（atm）、"巴"（bar）、"PSI"等，它们与标准单位 Pa 之间的换算关系如下：

$1\ kg/cm^2 = 0.980\ 7 \times 10^5\ Pa$

$1\ mmH_2O = 0.980\ 7 \times 10\ Pa$

$1\ mmHg = 1.332 \times 10^2\ Pa$

$1\ atm = 1.013\ 25 \times 10^5\ Pa$

$1\ bar = 10^5\ Pa$

$1\ PSI = 6.89 \times 10^3\ Pa$

技能要求

温度、压力测量仪表的检查

一、温度计的使用

1. 接触式温度计的使用

使用接触式温度计（如热电阻式温度计、热电偶式温度计、压力式温度计）测量温度时应注意：

（1）选择温度计时要考虑被测物的性质以及测量温度的范围。应选择具有合适量程和精度的温度计。

（2）应定期对温度计进行校验。

（3）测量储藏空间内温度时，应将感温头悬空放置于被测空间的中央，不能与壁面或其他物体表面接触。

（4）测量制冷管道或压缩机壁面温度时，应将感温头与被测表面紧密接触，可用隔热材料与扎带将感温头紧固在被测面上。

（5）数字式温度计使用时应注意检查电池的电量，不足时应及时更换。

2. 红外线测温仪的使用

使用红外线测温仪时应注意选择较大的测温面门，合适的测温距离以及温度计与被测物间无障碍。其余注意事项参见"知识要求"部分。

3. 温度计的检查

（1）外观检查

1）开机时屏幕应清晰，电池电量应充足。

2）探头应无损伤、凹痕、氧化锈蚀及其他附着物。

3）玻璃温度计的玻璃棒及毛细管应均匀笔直，感温泡和玻璃棒无裂痕，液柱无断节和气泡。

（2）精度检查

1）在容器中放入冰水混合物，充分搅拌，确保容器内各点温度均为 0℃。

2）将待检温度计探头及标准温度计探头分别插入容器内，要使探头全部插入液面下，静置 10 min，分别读取待检温度计和标准温度计的显示值。如果两者读数之差小于被测温度计的最大误差值，则为合格。

3）校准时被测温度计的变化应平稳，无跳动、卡住等现象。

二、复合式压力表阀组的使用

1. 压力表阀与制冷系统连接

使用压力表阀对制冷系统进行操作时，需要用配套软管将压力表阀的各接口与系统测试接口相连。安装时需注意以下两点：

（1）压力表接管一端接头有顶针结构，需与制冷系统的检测针阀口相连。

（2）各接管在连接到系统时，需进行排空，用制冷剂将管中空气排出后，再紧固压力表阀处的接口。

2. 压力检测操作

（1）连接蓝色低压侧管路到制冷系统的低压侧维修端口。连接红色高压侧管路到制冷系统的高压侧维修端口。

（2）在高低压手柄轮关闭的状态下，读取压力表的数值。

（3）使用温度/压力图表，找到对应的温度值。

（4）根据制造厂的规定进行操作，比较这些压力值和温度值。

（5）如果系统在正确工作范围内，取下压力表组的管路。如果需要进行维修，按照进行回收、排气（抽真空）和加注步骤进行。

3. 回收制冷剂

（1）核实蓝色低压侧管路连接到制冷系统的低压侧维修端口，红色高压侧管路连接到制冷系统的高压侧维修端口。通常，中间的黄色管路与回收单元的入口相连。

（2）打开高压侧的手柄轮，在回收单元的指令下，正确回收制冷系统中的制冷剂。

4. 抽真空和加注制冷剂

（1）蓝色低压侧管路连接到制冷系统的低压侧维修端口，红色高压侧管路连接到制冷系统的高压侧维修端口。

（2）查看压力表的读数，确认制冷剂回收完成。如果没有完成，进行"回收制冷剂"步骤。如果完成，将压力表组的黄色管路连接到真空泵上。

（3）打开高压、低压侧的手柄轮，启动真空泵。

（4）根据制造厂的规定，对系统进行排空后，关闭高压、低压侧的手柄轮，关闭真空泵。

（5）将压力表组的黄色管路从真空泵上拆下来，连接到制冷剂供给装置上。

（6）轻微地打开制冷剂供给装置的阀门，清除黄色管路中的空气，然后关闭制冷剂供给装置的阀门。

（7）根据制造厂的规定，对制冷系统进行加注。

如果系统规定从高压侧加注制冷剂，则关闭蓝色低压侧的手柄轮，打开制冷剂供给装置的阀门，打开红色低压侧的手柄轮。加入正确剂量的制冷剂之后，关闭红色低压侧的手柄轮，关闭制冷剂供给装置的阀门。

如果系统规定从低压侧加注制冷剂，则关闭红色高压侧的手柄轮，打开制冷剂供给装置的阀门，打开蓝色低压侧的手柄轮。加入正确剂量的制冷剂之后，关闭蓝色低压侧的手柄轮，关闭制冷剂供给装置的阀门。

（8）加注完成，关闭两个手柄轮。启动压缩机，通过压力表读数，检验系统是否正常。如果不正常，进行必要调整。

三、压力表检查

1. 外观检查

（1）压力表零部件装配应牢固、无松动现象。

（2）新制造的压力表应均匀光滑、无明显剥脱现象。

（3）压力表分度盘上应有如下标志：制造单位或商标；产品名称；计量单位、数字计量器具制造许可证标志和编号，真空表应有"－"或"负"字、准确度等级、出厂编号。

（4）读数部分，表玻璃应无色透明，不应有妨碍读数的缺陷。分度盘应平整光洁，各标志清晰可辨。

（5）指针指示端应覆盖最短分度线长度的 1/3～2/3，指针指示端的宽度应不大于分度线的宽度。

（6）零位，带有止销的压力表，在无压力或真空时，指针应靠近止销；无止销的压力表，在无压力或真空时，指针应于零位标志内。

2. 计量器具

（1）标准器具的允许误差绝对值应不大于被检压力表允许误差绝对值的 1/4。

（2）标准器具可用弹簧管式精密压力表和真空表、活塞式压力计、活塞式真空压力计。

（3）辅助设备有，压力校验计、真空校验计。

（4）环境条件为，温度为 15～25℃，相对湿度不大于 85%。环境压力为大气压，压力表应在上述环境中至少静置 2 h 方可检定。

3. 示值误差、回程误差和轻敲位移的检定

（1）示值误差检定的方法，压力表的示值检定按标有数字的分度线进行，检定时逐渐平稳地升压（或降压），当示值达到检测上限后，切断压力源，耐压 3 min，然后按原检定点平稳地降压（或升压）倒序回检。

（2）示值误差，对每一检定点，在升压（或降压）和降压（或升压）检定时，示值与标准器具示值之差应不大于被检压力表的最大误差值。

（3）回程误差，对同一点检定时，在升压（或降压）和降压（或升压）检定时，示值与标准器具示值之差应不大于被检压力表的最大误差值。

（4）轻敲位移，对每一点检定时，在升压（或降压）和降压（或升压）检定时，轻敲表壳后引起的示值变动量不大于规定值。

 ## 学习单元 3　家用制冷器具维修耗材准备

 ## 学习目标

➢ 了解家用制冷器具维修常用耗材
➢ 能准备相应产品的维修耗材

 ## 技能要求

家用制冷器具维修前应将维修时需要用到的工具、仪表及耗材准备好。根据机器故障的原因不同，常需用到的耗材包括：清洗剂、制冷剂、润滑油、铜管、焊条等。

1. 清洗剂

（1）箱体表面清洗剂

一般选用中性清洗剂，如餐具清洗剂等，用于箱体内、外表面污垢的清洗。

（2）制冷系统清洗剂

用来清洗被污染的制冷管路系统。一般采用三氯乙烯、四氯化碳等，还可以采用氮气、干燥空气等。

2. 制冷剂

制冷系统维修后，需要重新充注制冷剂。根据产品铭牌的指示准备同型号的制

冷剂。充注量应参照铭牌指示准备。

3. 润滑油

检查发现制冷系统压缩机缺油时，需准备同型号的润滑油。润滑油的型号及注油量参考产品的维修手册。

4. 铜管及保温

制冷系统管路一般采用纯铜管制作。因此，维修中如需要进行管路加工，应准备同规格的纯铜管若干。需要保温的管段应准备相同规格的保温管材料，还应准备包扎带等附件，加固保温材料，确保保温效果。

5. 焊条

维修时如需要焊接纯铜管，应准备铜磷焊条或低银焊条。如果要将铜与钢材料焊接在一起，则应准备银铜焊条或黄铜焊条，以及适当的焊药（如硼砂等）。

注：耗材中的制冷剂及润滑油、焊条等材料的特性及使用知识请参考中级培训教材。

第 5 节　电气系统检修

学习单元 1　家用制冷器具的电气安全检查

学习目标

➤了解家用制冷器具基本电气元件及符号

➤了解家用制冷器具的安全性能常识

➤掌握家用制冷器具的电源插座、低压断路器、漏电保护器的相关知识

➤能对家用制冷器具的电源插座、低压断路器、漏电保护器进行安全检查

知识要求

一、常用电器元件符号

家用制冷器具中常用电气元件的文字和图形符号见表2—3。

表2—3 家用制冷器具常用电气元件符号

电气元件	图形符号	电气元件	图形符号
温度控制器		照明灯	
除霜温控器		过载保护器	
双金属温控器		风扇电动机	
熔断器		热敏电阻启动器	
门灯开关		重锤式启动器	
电加热器		压缩机电动机	

二、家用电器安全性能知识

家用电器都是在通电后才能工作，而且大多数家用电器使用的都是220 V交流电，属于非安全电压。此外，有的家用电器，例如电视机本身会产生10 000 V以上的高压，人体一旦接触这样高的电压，发生触电，就会有生命危险。还有的家用电器中某些元器件存在着爆炸危险，如显像管等。所谓安全性就是指人们在使用家用电器时免遭危害的程度，安全性是衡量家用电器的首要质量指标。

1. 安全性能测试

在国家标准GB 4706.1—2005《家用和类似用途电器的安全 第1部分：通用要求》中，要求家用电器必须有良好的绝缘性能和防护措施，以保护消费者使用的安全。该标准还规定了防触电保护、过载保护、防辐射毒性和类似危害的措施。为了确保家用电器具有良好的电气性能，在维修时需要对电器进行安全性能的测试，主要内容包括：

（1）绝缘电阻测试

家用电器产品绝缘电阻是评价其绝缘质量好坏的重要标志之一。测量家用电器的绝缘电阻，可以选用500 V兆欧表（俗称摇表），具体测试方法见第4节绝缘电阻表的使用部分。

（2）泄漏电流测试

家用电器的泄漏电流是家用电器在外加电压作用下，流经绝缘部分的电流，上述测量绝缘电阻的摇表，实际上测量的是泄漏电流，只不过以电阻形式表现出来。对于各类家用电器，国家标准都规定了泄漏电流不应超过的上限值。如果没有条件测试家用电器泄漏电流，也可用简单的判别方法：用验电笔检查家用电器机壳外露金属部分，如果接触到这些部位，验电笔有亮光，若用手触碰，手有麻的感觉，严重漏电时，对人体还有电击现象，可以初步判定，该机泄漏电流过大。

（3）绝缘电气强度试验

家用电器在长期使用过程中，不仅要承受额定电压，还要承受工作过程中短时间内高于额定工作电压的过电压的作用，当过电压达到一定值时，就会使绝缘击穿，家用电器就不能正常工作，使用者就可能触电而危及人身安全。电气强度试验俗称耐压试验，是衡量电器的绝缘在过电压作用下耐击穿的能力，这也是一种考核该产品是否能保证使用安全的可靠手段。电气强度试验方法可参考相关国家标准。

在进行电气强度试验时，应注意下列事项：

1）电气强度试验必须在绝缘电阻（电动电器）或泄漏电流（电热电器）测试合格后，才能进行。

2）试验电压应按标准规定选取，施加试验电压的部位，必需严格遵守标准规定。

3）试验场地应设防护围栏，试验装置应有完善的保护接零（或接地）措施，试验前后应注意放电。

4）每次试验后，应使调压器迅速返回零位。

家用电器的安全性能测试，除了上述绝缘电阻、泄漏电流、绝缘电气强度测试外，还应根据国家标准，测试接地电阻温升等指标。掌握这方面知识，可参看有关国家标准和专业书籍。

2. 家用电器的安全供电

家用电器一般由单相三线制低压供电系统。在大多数民用旧建筑中，引入家庭的是一根相线和一根零线，工作零线和保护零线共用。由于零线没有接地，也没有另设一根保护零线，当家用电器中电源有一相碰壳时，因接地电阻较大，熔断器不能熔断，会使金属外壳长期带电，造成潜伏的触电危险因素。为了解决这个问题，可以采用将家用电器外壳接向自来水管、暖气管等自然接地体上的保护接地方法（注意：绝对不可以接在煤气管上，否则有可能造成爆炸）。将这种保护接地方法与漏电保护器合用，能有效防止触电事故发生，当漏电保护器有微小漏电流时，能使电路在 0.1 s 内切断。

我国为解决民用建筑配电方式与家用电器用电安全要求不相适应的矛盾，决定在新建民用建筑内实行单相三线制供电方式，并在旧建筑物加固大中修和改造翻建时，加设专用保护线，将原有单相两线制改为单相三线制配电线路。同时，积极推广使用漏电保护器。

3. 注意事项

（1）维修中，安全用电至关重要。在检修设备之前，应详细阅读检修仪器的使用说明，严格按照安全操作的技术规范和要求使用仪器仪表。参考本系列教程《家用电器产品维修工（基础知识）》。

（2）检查设备故障原因之前，首先拔下接电插头，仔细检查电线的绝缘情况，如外皮是否破损、电气件是否潮湿、是否有接地保护装置。在潮湿季节，必须确认已接地后再做修理。通电试机时禁止用湿手接触电器。需要移动设备时，应首先切断电源。

（3）维修过程中，要可靠地进行布线连接。当设备出现异常气味、异常噪声及温度过高时，应立即停止维修并进行检查。拔下电源插头后，必须过 3～5 min 再插入电源插座。

（4）禁止使用其他金属丝代替熔断丝，并严格按原规定更换。禁止用一般胶布等非绝缘品来代替电工胶布。

（5）所有维修使用的电气仪表设备及用电器具，必须经常检查，一旦发现安全隐患，必须及时排除。维修过程中，暂时离开现场或不使用器具时应切断电源。

三、家用电器配电器件知识

家用电器供电系统中的配电器件一般包括低压断路器、漏电保护器和电源插座等。

1. 低压断路器

低压断路器又称空气开关，在电气线路中起接通、分断和承载额定工作电流的作用，并能在线路和电动机发生过载、短路、欠电压的情况下进行可靠的保护。它的功能相当于刀开关、过电流继电器、欠电压继电器、热继电器及漏电保护器等电器部分或全部的功能总和，是低压配电网中一种重要的保护电器。常用的低压断路器有 DZ 系列、DW 系列和 DWX 系列。图 2—65 所示为 DZ 系列低压断路器外形图，左侧图片为带漏电保护功能的低压断路器。

低压断路器的图形符号及文字符号如图 2—66 所示。

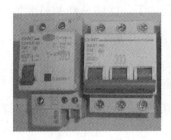

图 2—65 DZ 系列低压断路器外形

低压断路器的结构示意如图 2—67 所示，主要由触点、灭弧系统、各种脱扣器和操作机构等组成。脱扣器又分电磁脱扣器、热脱扣器、复式脱扣器、欠压脱扣器和分励脱扣器 5 种。

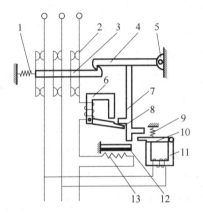

图 2—66 低压断

路器图形符号

和文字符号

图 2—67 低压断路器结构示意图

1—弹簧；2—主触点；3—传动杆；4—锁扣；5—轴

6—电磁脱扣器；7—杠杆；8、10—衔铁；9—弹簧

11—欠压脱扣器；12—双金属片；13—发热元件

图 2—67 所示低压断路器处于闭合状态，3 个主触点通过传动杆与锁扣保持闭合，锁扣可绕轴 5 转动。断路器的自动分断是由电磁脱扣器 6、欠压脱扣器 11 和双金属片 12 使锁扣 4 被杠杆 7 顶开而完成的。正常工作中，各脱扣器均不动作，而当电路发生短路、欠压或过载故障时，分别通过各自的脱扣器使锁扣被杠杆顶开，实现保护作用。

（1）低压断路器的主要技术参数

低压断路器的主要技术参数有额定电压、额定电流、通断能力和分断时间等，在低压断路器表面的标识上能查到相关数据。

1）通断能力是指低压断路器在规定的电压、频率以及规定的线路参数（交流电路为功率因数，直流电路为时间常数）下，能够分断的最大短路电流值。

2）分断时间是指低压断路器切断故障电流所需的时间。

（2）低压断路器的选择

低压断路器的选择应注意以下几点：

1）低压断路器的额定电流和额定电压应大于或等于线路、设备的正常工作电压和工作电流。

2）低压断路器的极限通断能力应大于或等于电路最大短路电流。

3）欠电压脱扣器的额定电压等于线路的额定电压。

4）过电流脱扣器的额定电流大于或等于线路的最大负载电流。

2. 漏电保护器

低压配电系统中设漏电保护器是防止人身触电事故的有效措施之一，也是防止因漏电引起电气火灾和电气设备损坏事故的技术措施。

（1）漏电保护器的结构

漏电保护器主要由三部分组成：检测元件、中间放大环节、操作执行机构。

1）检测元件。由零序互感器组成，检测漏电电流并发出信号。

2）放大环节。将微弱的漏电信号放大，按装置不同（放大部件可采用机械装置或电子装置），构成电磁式保护器和电子式保护器。

3）执行机构。收到信号后，主开关由闭合位置转换到断开位置，从而切断电源，使被保护电路脱离电网的跳闸部件。

漏电保护器的外形及结构原理如图2—68所示。

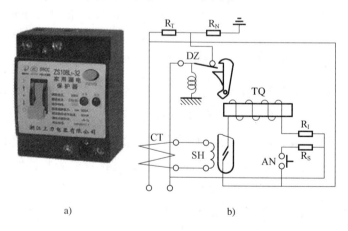

a)   b)

图2—68 漏电保护器外形及结构示意图

a) 漏电保护器外形图   b) 漏电保护器结构示意图

图 2—68b 图中的 CT 表示电流互感器，它利用互感原理测量交流电流，实际上是一个变压器。它的一次绕组是进户的交流线，把两根线当做一根线并起来构成一次绕组。二次绕组则接到"舌簧继电器"SH 的线圈上。当舌簧继电器线圈里通电的时候，电流产生的磁场使得舌簧管里面的簧片电极吸合，接通外电路。线圈断电后簧片释放，外电路断开。总而言之，这是一个小巧的继电器。DZ 是一个带有弹簧的开关，当人克服弹簧力把它合上以后，要用特殊的钩子扣住它才能够保证电路处于通的状态，否则一松手就又断了。舌簧继电器的簧片电极接在"脱扣线圈"TQ 电路里。脱扣线圈是一个电磁铁的线圈，有电流通过就会产生吸引力，这个吸引力足以使上文提到的钩子解脱，使得 DZ 立刻断开。因为 DZ 就串联在用户总电线的火线上，所以发生脱扣就断了电。从图中可以看出，如果没有漏电的话，电源引出的两根线里的电流肯定在任何时刻都是一样大的，且方向相反。因此 CT 的一次绕组里的磁通完全消失，二次绕组没有输出。如果有漏电现象，相当于火线上有经过电阻，这样就能连锁导致二次侧上有电流输出，这个输出就能够使得 SH 的触点吸合，从而使脱扣线圈得电，把钩子吸开，开关 DZ 断开，从而起到了保护的作用。

（2）漏电保护器的主要参数

漏电保护器的主要参数有：额定漏电不动作电流、额定漏电动作时间、额定漏电不动作电流、电源频率、额定电压、额定电流等。

1）额定漏电动作电流是在规定的条件下，使漏电保护器动作的电流值。例如 30 mA 的保护器，当通入电流值达到 30 mA 时，保护器即动作断开电源。

2）额定漏电动作时间是指从突然施加额定漏电动作电流起，到保护电路被切断为止的时间。例如 30 mA×0.1 s 的保护器，从电流值达到 30 mA 起，到主触头分离止的时间不超过 0.1 s。

3）额定漏电不动作电流。在规定的条件下，漏电保护器不动作的电流值，一般应选漏电动作电流值的二分之一。例如，漏电动作电流 30 mA 的漏电保护器，在电流值达到 15 mA 以下时，保护器不应动作，否则因灵敏度太高容易误动作，影响用电设备的正常运行。

（3）漏电保护器的选用

在选用漏电保护器时，应与所使用的线路和用电设备相适应。漏电保护器的工作电压要适应电网正常波动范围的额定电压，若波动太大，会影响保护器正常工作，尤其是电子产品，电源电压低于保护器额定工作电压时会拒动作。漏电保护器的额定工作电流，也要和回路中的实际电流一致，若实际工作电流大于保护器的额定电流，会造成过载和使保护器误动作。

另外，正确合理地选择漏电保护器的额定漏电动作电流非常重要：一方面在发生触电或泄漏电流超过允许值时，漏电保护器可有选择地动作；另一方面，漏电保护器在正常泄漏电流作用下不应动作，防止供电中断而造成家用电器不能正常使用。漏电保护器的额定漏电动作电流应满足以下三个条件：

1）为了保证人身安全，额定漏电动作电流应不大于人体安全电流值，国际上公认不高于 30 mA 为人体安全电流值。

2）为了保证电网可靠运行，额定漏电动作电流应大于低电压电网正常漏电电流。

3）家用电器配电线路中的漏电保护器用于保护单个或多个用电设备，是直接防止人身触电的保护设备。被保护线路和设备的用电量小，漏电电流小，一般不超过 10 mA，宜选用额定动作电流为 30 mA，动作时间小于 0.1 s 的漏电保护器。现在常用的是具有漏电保护功能的低压断路器，即将低压断路器和漏电保护功能综合在一起的电器件。

3. 电源插座

（1）电源插座的分类

家用电器的电源插座按插孔数量区分，有两孔插座、三孔插座、多类别组合插排、四孔插座等；按插孔形状区分，有圆孔、扁孔等；按承载负荷区分，有 10 A、16 A 等；按照安装方式区分，有镶嵌式安装、外接插座等，如图 2—69 所示。

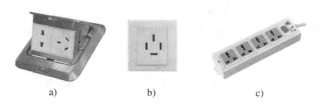

a)　　　　　　　　b)　　　　　　　　c)

图 2—69　电源插座外形

a）镶嵌式　b）四孔插座　c）外接组合插排

（2）电源插座的结构

电源插座由面板、插接通电部位、底座等部件组式，如图 2—70 所示。在潮湿的房间内使用的插座还需带有防水罩以及漏电开关。

（3）电源插座的接线方法

对家用电器的插座进行接线时，需将电线与插座的极性对应准确。电线的颜色及符号对应的极性通常为：红色（符号 L）为相线（俗称为火线），蓝色（符号 N）为零线，黄绿两色线（符号 E）为接地线。在插座与电源连接前，需使用电笔或万用表确认电源线的极性。一般插座插孔的布置如图 2—71 所示。

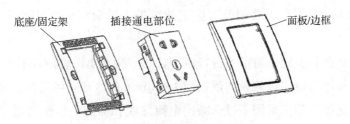

图 2—70　电源插座结构

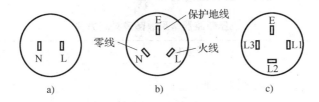

图 2—71　电源插座插孔接线示意图

a) 单相 2 孔插座　b) 单相 3 孔插座　c) 三相 4 孔插座

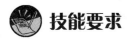 **技能要求**

家用电器配电元器件的检查

一、低压断路器的检查

低压断路器的正常运行，是家用电器安全运转的重要条件，为保证家用电器的安全运行和用电安全，在家用电器维修前应先对低压断路器进行检查。

1. 运行中检查

（1）检查负荷电压、电流是否符合低压断路器的额定值。

（2）连接线的接触处有无过热现象。

（3）操作手柄和绝缘外壳有无破损现象。

（4）内部有无放电响声。

2. 使用维护事项

（1）断开低压断路器时，将手柄拉向"分"字处，闭合时将手柄推向"合"字处。

（2）装在低压断路器中的脱扣调节螺钉不得任意调整，以免影响脱扣器动作而发生事故。

（3）当低压断路器电磁脱扣器的整定电流与使用场所设备电流不相符时，应检验设备，重新调整后，低压断路器才能投入使用。

（4）低压断路器在正常情况下应定期维护，转动部分不灵活，可适当滴加润滑油。

（5）过载脱扣整定电流值可进行调节，热脱扣器出厂整定后不可改动。

（6）低压断路器因过载脱扣后，经 1～3 min 的冷却，可重新合闸继续工作。

（7）因选配不当，采用了过低额定电流热脱扣器的低压断路器导致经常脱扣，应更换额定电流较大的热脱扣器的低压断路器，切不可将热脱扣器同步螺钉旋松。

3. 低压断路器常见故障及其处理方法

表 2—4　　　　　　　　　低压断路器常见故障及处理方法

故障现象	产生原因	处理方法
手动操作低压断路器不能闭合	1. 电源电压太低 2. 热脱扣器的双金属片尚未冷却复原 3. 欠电压脱扣器无电压或线圈损坏 4. 储能弹簧变形，导致闭合力减小 5. 反作用弹簧弹力过大	1. 检查线路并调高电源电压 2. 待双金属片冷却后再合闸 3. 检查线路，施加电压或调换线圈 4. 调换储能弹簧 5. 重新调整弹簧反作用力
电动机启动时低压断路器立即分断	1. 过电流脱扣器瞬时整定值太小 2. 脱扣器某些零件损坏 3. 脱扣器反作用力弹簧断裂或落下	1. 调整瞬时整定值 2. 调换脱扣器或损坏的零部件 3. 调换弹簧或重新装好弹簧
分励脱扣器不能使低压断路器分断	1. 线圈短路 2. 电源电压太低	1. 调换线圈 2. 检修线路调整电源电压
欠电压脱扣器噪声大	1. 反作用弹簧弹力太大 2. 铁心工作面有油污 3. 短路环断裂	1. 调整反作用弹簧 2. 清除铁心油污 3. 调换铁心
欠电压脱扣器不能使低压断路器分断	1. 反作用弹簧弹力变小 2. 储能弹簧断裂或弹簧弹力变小 3. 机构生锈卡死	1. 调整弹簧 2. 调换或调整储能弹簧 3. 清除锈污

二、漏电保护器的检查

为了避免漏电保护器存在问题影响家用电器的正常运行，在为用户检修机器时，应对用户配电系统的漏电保护器进行维护和检验，以确保运作的可靠性。具体工作内容包括：

1. 外观检查

清扫灰尘，保持保护器外壳及其上连接端子的清洁、完好和连接牢固。同时，检查漏电保护器接线及保护接地装置是否存在松动和接触不良。检查额定漏电动作电流、额定漏电动作时间、额定漏电不动作电流值是否符合要求。

2. 动作可靠性检查

按一下试验按钮，如漏电保护器正确断开，手柄指示在脱扣位置，说明正常；否则说明漏电保护器存在故障，应检查更换。

3. 使用注意事项

（1）漏电保护器动作后不应强行送电。保护器动作后，若经检查未发现事故点，允许试送电一次，如果再次动作，应查明原因，并采取相应措施处理后方能恢复通电。

（2）要及时更换到了使用寿命的漏电保护器。国家标准规定，家用漏电保护器的有效使用年限，电子式为 6 年，电磁式为 8 年，到达使用年限后应建议用户及时更换。

（3）如少接线、错接线，漏电保护器不能起到漏电保护作用。

三、电源插座的检查

1. 外观检查

插座及电源线外观完整无损，表面清洁无油污。接线压接须牢固可靠。电源插座的安装位置应符合要求。

2. 电源电压检查

家用电器的供电电压不符合要求会影响机器的正常使用。因此，需要对电源电压进行检查。用万用表检查电源插座相线与零线之间电压，正常电压范围：单相交流电压为 220 V（$1-10\%\sim1+7\%$）；三相交流电压为 380 V（$1-7\%\sim1+7\%$）。

3. 电源插座接线检查

使用专用设备（如电源检测仪，见图 2—72）检查电源插座的连线是否正确。常见问题是缺少地线或相线和零线接反，错误连接有时虽不影响使用但存在着重大的安全隐患。

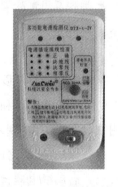

图 2—72　电源检测仪

4. 使用注意事项

（1）电源插座的插套要有足够的夹紧力度，且无松动现象。

（2）在潮湿的环境中应采用防溅型插座。

（3）注意插座的额定电流应满足所承载设备的要求。

相关链接——电源插座的安装位置

- 无特殊要求的普通电源插座设置在距地面 0.3 m 处。
- 洗衣机专用插座设置在距地面 1.6 m 处，并带指示灯和开关。
- 空调器应采用专用带开关电源插座，①分体式空调器电源插座宜根据出线管预留洞位置设置在距地面 1.8 m 处；②柜式空调器电源插座宜设置在相应位置距地面 0.3 m 处。
- 厨房抽油烟机插座，一般设置在距地面 1.8～2 m 处。
- 厨房内设置电冰箱时应设专用插座，设置在距地 0.3～1.5 m 处。
- 电热水器应选用 16 A 带开关三线插座并设置在热水器右侧距地 1.4～1.5 m 处，注意不要将插座设在电热器上方。

学习单元 2　家用制冷器具控制元件的检查与更换

学习目标

➢掌握家用制冷器具常用电气控制元件的性能、特点

➢能对家用制冷器具常用的电气控制元件进行检查和更换

知识要求

家用制冷器具是以电力为能源，以电动机驱动压缩机、风扇进行工作的。为了确保电动机正常启动和运行，同时保证家用制冷器具储藏空间中的温度符合要求，家用制冷器具中由一些电气控制元件组成了控制系统。包括：电动机启动控制部分、过载保护控制部分、温度控制部分、除霜控制部分等。与之相关的电气控制元件包括：启动继电器、热继电器、各种温控器、熔断器、热敏电阻等。

一、启动继电器

家用制冷器具中大多采用单相电动机。单相电动机采用单相交流电源作为动

力，由于单相交流电产生的磁场是一个脉动的磁场，因此，单相电动机无法获得启动转矩。为了使单相电动机旋转，一般采用在主绕组之外再增加一个启动绕组的方法，两个绕组并联，两绕组的线径、匝数不同，从而使定子电流产生旋转磁场，电动机跟着旋转磁场沿同一个方向转动，一旦电动机启动旋转，转子加速到额定转速的 70%～80% 后，即切断启动绕组，运行绕组继续维持电动机旋转。而要实现这个过程，需要外接启动元件。

由于启动元件和接线方式不一样，常见的电动机有许多种启动方式，见表 2—5。一般由启动继电器（简称启动器）或电容器来承担启动任务。家用制冷器具用启动继电器大多采用重锤式启动器和 PTC 启动器。

表 2—5　　　　　　　　　　　　单相电动机的启动方式

种类	接线图	输出功率	特点与应用
阻抗分相启动	启动继电器	40～150 W	结构简单，启动转矩小，启动电流大。常用于电冰箱和小型陈列柜
电容启动式	启动电容器	40～300 W	启动转矩大，启动电流小。常用于电冰箱、冷饮机等
电容运转式	主绕组　启动绕组	400～1 100 W	启动转矩小，效率高。常用于小型空调器
电容启动运转式		100～1 500 W	启动转矩大，启动电流小。适用于大型空调器、制冰机等

1. 重锤式启动器

重锤式启动器既广泛应用于电阻分相式压缩机，又应用于电容启动式和电容启动运转式的压缩机。主要参数有吸合电流和释放电流，依据功率选配规格型号。这类启动器品种较多，基本原理大致相同，均由励磁线圈、衔铁、弹簧、动触点、静触点等组成。其外形及工作原理图如图 2—73 所示。

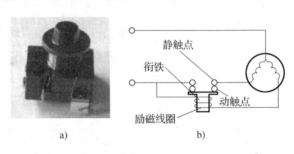

图 2—73　重锤式启动器

a) 外形图　b) 工作原理图

当电动机未运转时，衔铁由于重力的作用而处于下落位置，与它相连的动触点与静触点处于断开状态。电动机接通电源后，电流通过运行绕组和启动器的励磁线圈，使启动器的励磁线圈强烈磁化，磁场的引力大于衔铁的重力，从而吸起衔铁，使动触点与静触点闭合。将启动绕组的电路接通，电动机开始旋转，随着电动机转速的加快，当达到额定转速的 70% 以上时，运行电流迅速减小，使励磁线圈的磁场引力小于衔铁的重力，衔铁因自重而迅速落下，使动、静触点脱开，启动绕组的电路被切断，电动机进入正常工作状态。

重锤式启动器的优点是体积较小，可靠性高。但当电压波动较大时，容易因触点接触不良或粘连而引起电动机故障。

2. PTC 启动器

PTC 启动器适应电压范围宽，能提高压缩机电动机的启动转矩，被广泛应用于电阻分相启动式、电容启动式和电容启动运转式的压缩机。

PTC 启动器又称半导体启动器，是一种具有正温度系数的热敏电阻器件。它是一种在陶瓷原料中掺入微量稀土元素烧结后制成的半导体晶体结构。因为它具有随温度的升高而电阻值增大的特点，这种启动继电器有着无触点开关的作用。如图 2—74b 所示，PTC 元件与启动绕组串联，电动机开始启动时，PTC 元件的温度较低，电阻值也较小，可近似地认为是通路。因为电动机启动时电流很大，是正常运转电流的 5～7 倍，PTC 元件在大电流的作用下温度升高，至临界温度（约 100℃）

以后，元件的电阻值增大至数万欧，使电流难以通过，可近似地认为断路。这样，与之串联的启动绕组也相当于断路，而运行绕组继续使电动机正常运行。

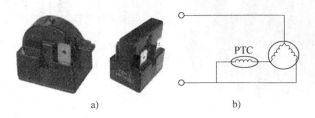

图 2—74　PTC 启动器

a）外形图　b）工作原理图

PTC 启动器的优点是没有触点，可靠性好，无噪声，成本低，使用寿命长，对电压波动的适应性强。但由于 PTC 元件的热惯性，前一次停机与再次启动应间隔时间为 3～5 min，等待其温度降至临界温度以下时才能重新启动。

二、热继电器

热继电器是指电动机的过载过热保护装置，称为过载过热保护器，简称保护器。家用制冷器具运行时，当输入电压太高或太低时，通过电动机的电流会增大，如果电流超过了额定电流的范围，过载保护器能有效地切断电路，保护电动机不会因负载过大而烧毁。若制冷系统发生故障，电动机长时间运转，电动机的温度就会升高，当温升超过允许范围时，过热保护器就会切断电源，使电动机不会被烧毁。家用制冷器具大多使用有过载过热双重保护功能的保护器具。

目前常用的保护器有双金属碟形保护器和内埋式保护器两种。

1. 碟形保护器

碟形保护器为外置式保护器，主要有过载保护和超温度断开功能。其结构组成包括碟形金属片、触点、发热丝、绝缘外壳，如图 2—75 所示。

保护器发热丝与压缩机的共用接线柱电路串联，外壳与压缩机外壳紧密接触。正常情况下，触点为常闭导通状态。当电流超过保护器的设置时，发热丝发热，碟形双金属片受热向反方向拱起，使触点断开，切断电源；当电流正常，壳温升较高（100～135℃）时，双金属片紧贴在机壳侧壁上，感受壳温比较灵敏，双金属片也会因变形而拱起，触点断开切断电源，过约 5 min，待双金属片温度降到 60℃左右，双金属片复位，重新接通压缩机电路。

外置式保护器紧压在压缩机外壳上，拆解维修比较方便。

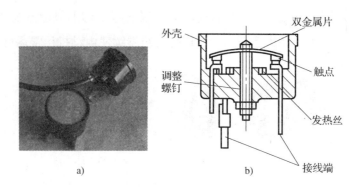

图 2—75 碟形保护器

a) 外形图 b) 工作原理图

2. 内埋式保护器

内埋式保护器安装在压缩机机壳内，埋装在电动机的定子绕组中，并串接在共用绕组中固定。其结构如图 2—76 所示，当电动机电流过大或温升过高时，保护器内的双金属片就会变形拱起而断开电动机的电路。

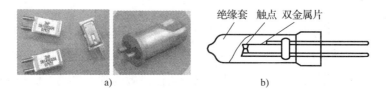

图 2—76 内埋式保护器

a) 外形图 b) 工作原理图

内埋式保护器的特点是体积小，对电动机的过热保护作用好，灵敏度高，密封的绝缘外套可防止润滑油和制冷剂的渗入。但其一旦发生故障，检修比较困难。

3. 启动与保护的组合装置

目前，家用制冷器具中普遍采用的是启动器和保护器合为一体的组合装置。

组装式热保护启动装置由启动继电器与过载过热保护器构成，用结构件把它们组装在一起，再安装在压缩机外壳侧壁上。其中，过载过热保护器采用双金属碟形保护器，启动继电器有的采用重锤式启动器，有的采用 PTC 启动器。这种组装式的启动保护装置使用广泛，安装方便，并且具有结构简单、性能可靠的优点。

三、温度控制器件

家用制冷器具温度控制器简称温控器，它的作用是按使用的要求在一定温度范围内进行温度调节，同时它还起着开关的作用，在调定的温度范围内对压缩机进行开停机的自动控制。当箱体内的温度降到调定的温度时，温控器断开电路使压缩机停止工作；当温度回升到调定的开机温度时，温控器接通电路使压缩机开始工作。

家用制冷器具的温控器分为两大类：机械式温控器和电子式温控器。

1. 机械式温控器

家用制冷器具的机械式温控器（见图 2—77）多采用蒸汽压力式温控器，其工作原理是通过密闭的内充感温工质的温包和毛细管，把被控温度的变化转变为密闭空间压力或容积的变化，在达到温度设定值时，通过弹性元件和快速瞬动机构，自动开闭触点或风门，达到自动控制温度的目的。

图 2—77　机械式温控器

机械式温控器一般分为普通型、半自动化霜型、定温复位型、温感风门型等多种形式。温控器的型号表示方法如下：

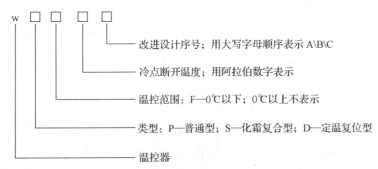

如：WSF－20 型表示半自动化霜型温控器，冷点断开温度为－20℃。

（1）普通型温控器

普通型温控器也称为标准型温控器，如图 2—78 所示，一般由感温组件、传动机构和一组执行开闭的微动开关三部分组成。感温组件由感温管、感温剂、感温腔（波纹管、金属膜盒）三部分组成。

普通型温控器的工作原理如图 2—78b 所示。感温管贴在蒸发器上，当箱内温度升高时，感温剂在感温腔内膨胀，使其压力增大，推动感温腔前面的膜片前移，当温度升高到一定值时，膜片上压力大于弹簧拉力时，顶动微型开关，使动触点与静触点闭合，启动压缩机。随着箱内温度下降，感温腔内的压力随之减小，膜片逐步后移，当温度下降到一定值时，微型开关的动触点和静触点断开，停止压缩机运行。

温度调节旋钮与调节凸轮连在一起，转动旋钮时，利用凸轮的作用改变弹簧拉

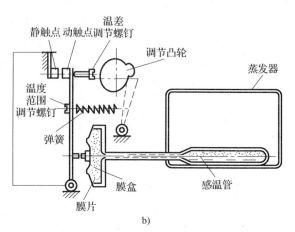

图 2—78　普通型温控器

a）外形图　b）工作原理图

力。拉力增大时，感温剂的压力升高才能使压缩机启动，调高箱内设定温度。反之，拉力减小，调低温度。

温度范围调节螺钉顺时针转动时，可使弹簧拉力增大，使温控点温度升高。反之，弹簧拉力减小，温控点温度降低。可以用来排除压缩机长时间不停机或不启动的故障。

温差调节螺钉用于调节开停机温差。调节该螺钉，使动、静触点距离发生变化，如逆时针转动螺钉，动、静触点间距增大，停机温度不变，开机温度升高，温差增大。可用来排除开停机周期不当的现象。

普通型温控器主要应用于人工除霜的直冷式制冷器具，也可应用于全自动除霜的间冷式制冷器具，对冷冻室温度进行控制。

（2）半自动化霜型温控器

这种温控器除了具有温度控制的功能外，还具有除霜装置。在温度调节旋钮中心设有化霜按钮，按下此按钮，则制冷器具进入停机化霜过程。待冰霜化完后可自动开机制冷。其结构及工作原理如图 2—79 所示。

由图 2—79 可知，半自动化霜温控器是在普通型温控器的基础上，增加了一套由化霜按钮、化霜平衡弹簧、化霜弹簧、化霜控制板等组成的除霜装置。按下化霜按钮，动、静触点断开，压缩机停止运转，进入强制化霜阶段。直到箱内温度达到预定的化霜终点温度时，感温管内压力上升推动控制板，克服化霜弹簧对化霜控制板的阻力，动、静触点闭合，压缩机启动运转，进入制冷运行。同时，化霜按钮自动弹起，化霜阶段结束。

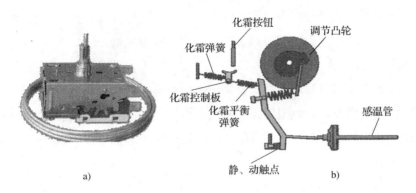

图 2—79　半自动化霜型温控器

a）外形图　b）工作原理图

半自动化霜温控器主要应用于各类直冷式、具有半自动化霜功能的家用制冷器具中。

（3）定温复位型温控器

定温复位型温控器（见图 2—80）主要应用于双门双温电冰箱及各种直冷式冷冻冷藏箱。其构造与普通型温控器大体相同。感温元件安装在冷藏室或冷冻室的蒸发器上。其特点是在自控温度范围内，它的停机温度是根据温度调节旋钮设定的位置而变化的，开机温度不变。

这种结构形式的温控器一般都有三个接线端子，既设有手动强冷、关闭功能及控制箱温，使压缩机自动启停，又可利用温降断开转换接头，当环境温度过低时，利用增加温度补偿及化霜功能。

（4）温感风门型温控器

双门间冷式无霜电冰箱一般冷冻室采用普通型温控器来控制压缩机的启停，而冷藏室风门的自动开启和关闭则是靠温感风门温控器（见图 2—81）来控制的。这两种温控器相互配合，使得冷冻室和冷藏室的温度可以分别进行控制。

图 2—80　定温复位型温控器

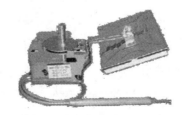

图 2—81　温感风门型温控器

这种温度控制器的工作原理与普通型温控器一样，靠安装在冷藏室回风口附近风道内的感温管，感受循环冷风温度的变化，通过波纹管和转换部件的动作，带动并改变风门的开闭角度，控制经风道进入冷藏室的冷风量。

2. 电子式温控器

电子式温度控制器（电阻式）是采用电阻感温的方法来测量的，一般采用白金丝、铜丝、钨丝以及热敏电阻等作为测温电阻。热敏电阻式温控器目前在家用制冷器具中使用日趋广泛。目前热敏电阻式温控器已采用集成电路，可靠性高并且可以用数字显示温度。

电子式温度控制器利用负温度系数热敏电阻（NTC）作为温度传感器，安装在蒸发器附近，对周围温度进行测量，引出的导线与电子电路连接来完成相应的电子控制。电子电路中利用平衡电桥与热敏电阻配合实现对继电器的动作。其工作原理如图 2—82 所示。

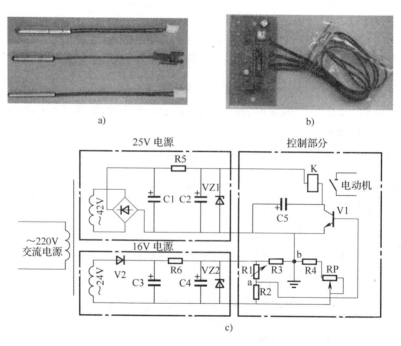

图 2—82　电子式温控器

a) 热敏电阻做温度传感器　b) 电子电路板　c) 电子温控器控制电路

图 2—82 中，220 V 交流工作电源经变压器变换为交流 24 V 和 42 V 两种输出。交流 24 V 一路经二极管半波整流、滤波器滤波、稳压管稳压成为 16 V 直流电源，为热敏电阻 R1 和电阻 R2、R3、R4＋RP 组成的直流电桥提供电源。交流 42 V 一路经整流、滤波、稳压为 25 V 直流电源，提供给 24 V 直流继电器线圈。继电器线圈的通断由半导体三极管控制。当直流电桥电阻值满足平衡状态时，a 和 b 之间电位差为

零，三极管截止，继电器不工作，常开触点断开，压缩机电动机停止运行。当温度上升，热敏电阻 R1 电阻值下降，直流电桥不平衡，a 和 b 之间有电位差，当大于三极管导通电压时，三极管导通，继电器线圈得电动作，常开触点闭合，接通压缩机电动机电源，压缩机开始运行。直到热敏电阻随着箱内温度降低而阻值升高，电桥再次平衡时，三极管截止，切断压缩机电动机电源，制冷停止。通过调节电位器 RP 的阻值，可以调节箱内温度。

 相关链接——热敏电阻

热敏电器是一种敏感元件，按照温度系数不同分为正温度系数热敏电阻器（PTC）和负温度系数热敏电阻器（NTC）以及临界温度热敏电阻器（CTR）。

热敏电阻器的典型特点是对温度敏感，在不同的温度下表现出不同的电阻值。

- 正温度系数热敏电阻器（PTC）在温度越高时电阻值越大。
- 负温度系数热敏电阻器（NTC）在温度越高时电阻值越低。
- 临界温度热敏电阻器（CTR）当温度超过某一数值后，电阻会急剧增加或降低。

四、除霜控制器件

本章第 2 节对家用制冷器具蒸发器化霜的方法进行了详细的介绍。全自动化霜的控制系统中主要包括了化霜定时器、化霜加热器、化霜温控器、温度熔断器等电气元件。

1. 化霜定时器

化霜定时器也称为融霜定时器、融霜计时器，是家用制冷器具化霜的主要控制器件。按照工作原理可分为电子式和机械式两种。电子式通常被设计在控制线路板中。

机械式化霜定时器由微型电动机、凸轮触点机构及凸轮转动箱等组成。化霜定时器的电压为 220 V/50 Hz，外设接线插脚 4 只。根据不同的化霜控制方法，4 只插脚的接线方式不同，如图 2—83 所示。

凸轮设计成每旋转一周，完成一个制冷、化霜的周

图 2—83　机械式化霜定时器

119

期。这个过程是由凸轮控制端子的触点通断来进行的。

使用万用表可以检测定时器插片内部触点或接线是否正常，分别在制冷和化霜状态下，用万用表测试各端子的通断状态。

2. 化霜加热器

家用制冷器具中，采用了各种不同类型的加热器。根据使用用途可分为三大类：化霜加热器、防冻加热器和温度补偿加热器。

化霜加热器是通常采用管状加热器（见图2—84）。常用的有玻璃管式和铝管式两种。前者采用盘状加热丝，装入透明玻璃管中，整体悬挂在翅片管式蒸发器底部。后者则是将电热丝装入具有绝缘材料的铝管中，弯曲成盘管形状，水平方向夹压在翅片管式蒸发器翅片中。

防冻加热器主要应用在间冷式双门电冰箱中，主要安装在蒸发器接水盘、化霜排水管的外表面和风扇扇叶的孔圈部位。这种加热器是采用电热丝粘贴在与待加热部位相同的平面铝箔上，然后粘贴在待加热外表面上（见图2—85）。作用分别是防止霜层过厚堵塞排水口，以及防止在零度以下风扇周围凝霜，导致风叶被阻。

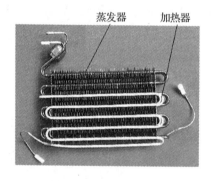

图 2—84　化霜加热器　　　　图 2—85　防冻加热器

家用制冷器具中的温度补偿加热器一般安装在两个位置：一是安装在温控器；二是安装在冷藏室内。对于双门电冰箱来说，如果采用一个冷藏室温控器进行单一控制，在冬季容易出现冷藏室温度低，长时间不开机的现象，使冷冻室无法正常制冷。这就需要对冷藏室及温控器感温管进行微加热，使温控器触点提前接通，保证电冰箱的正常开机。这种加热器一般配有一个节电开关，也称冬季开关。当环境温度低于一定值时，打开此开关，使电冰箱进行正常制冷。温控器的补偿加热器是将加热电阻丝导线粘在铝箔胶带上，然后包裹在温控器外壳上，余下的导线缠绕在感温管上。冷藏室补偿加热器安装方法同化霜加热器，贴压或嵌压在冷藏室蒸发器表面。

3. 化霜温控器

化霜温控器是一个双金属结构的温度控制件，它随温度的变化产生变形，从而推动触点接通或断开。其外形及结构如图 2—86 所示，它被固定在蒸发器表面，串接于化霜电路中。

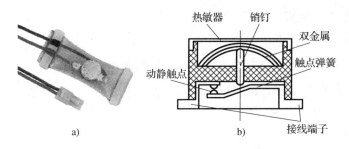

图 2—86　化霜温控器

a）外形　b）结构

在化霜阶段，当蒸发器表面温度被加热到 8℃（不同型号设定值不同）时，化霜温控器触点断开，化霜阶段结束后，随着蒸发器温度的降低，化霜温控器触点又被接通，接通温度一般为 −5℃ 左右。

检验化霜温控器是否失灵的方法：将化霜温控器置于冷冻室内一段时间，看在化霜温控器复位或断开过程中能否听到轻微的"吧嗒"声，或者直接用万用表欧姆挡测量其触点间的通断。

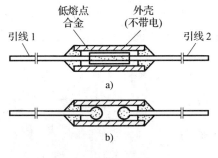

图 2—87　温度熔断器

a）熔断前　b）熔断后

4. 温度熔断器

温度熔断器（见图 2—87）是一种超温熔断器，串接在化霜电路中。温度熔断器被密封在塑料管中，固定在蒸发器表面，如果化霜温控器失灵，当蒸发器表面的温度上升到 60～75℃，温度熔断器熔化断开，使化霜加热丝电路断开。

由于温度熔丝串接于化霜加热丝电路中，当温度熔断器断开后，机械化霜定时器电源被断开，电冰箱无法转换回制冷状态。此时，电冰箱既不能化霜，也不能够制冷。只有更换新的熔断器，才能使机器正常运转。

技能要求

家用制冷器具电气控制元件的检查

一、压缩机启动控制元件的检查、更换

1. 启动继电器检查

（1）重锤式启动继电器的检查

使用万用表分别检测启动继电器绕组的阻值和接点间的阻值，一般绕组阻值较小，而接点间的阻值在断路的情况（触点为常开状态）下应为无穷大。

（2）PTC 启动继电器的检查

使用万用表检测 PTC 启动继电器，在常温下其阻值为 $15\sim40\ \Omega$，如图 2—88 所示。

图 2—88　使用万用表检测 PTC 启动继电器

2. 热继电器检查

碟形热保护继电器的阻值在正常情况下为 $1\ \Omega$ 左右，如果阻值过大，甚至达到无穷大，就说明热保护继电器内部断路，继电器已经损坏，不能使用，如图 2—89 所示。

3. 更换启动控制组件

以某家用制冷器具压缩机为例，介绍启动器和热继电器组合保护装置的拆卸。

步骤 1　断电

断开家用制冷器具电源，拔下电源插头。

图 2—89　检查热继电器

步骤 2　打开保护盒盖

压缩机启动继电器安装在压缩机侧面的黑色保护盒内。更换启动继电器时需要将黑色的保护盒拆下来，在保护盒的上面有如何将其拆卸的示意图。

按照示意图上的标识，将一字旋具放到保护盒的上、下沟槽内撬开卡扣，保护盖的卡扣撬开后即可将保护盖取下，如图 2—90 所示。

图 2—90　打开保护盒盖

步骤 3　拆引线、分离组件

将启动继电器和热保护器的引线拧下，取下启动继电器与热保护器，将启动继电器和热保护继电器与接线盒分离。

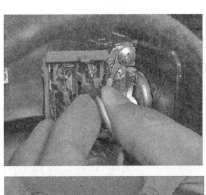

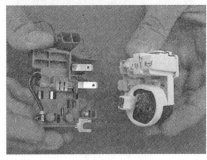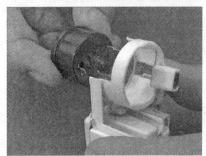

图 2—91　拆引线、分离组件

步骤 4　检测、更换继电器

将 PTC 启动继电器和热继电器分别取下后，就可对其进行更换或检测。

步骤 5　复位

更换后将器件安装复位。通电试运行，检查启动是否正常。

4. 注意事项

维修更换压缩机启动保护器时，应注意保护器的功率与压缩机功率相匹配，同时要兼顾压缩机的启动电流，以及保护器的复位时间。复位过快会导致压缩机频繁启动，使压缩机电动机受到频繁超温冲击导致绝缘性能下降，缩短保护器和压缩机的使用寿命。选择保护器时可依据：保护电流超过压缩机额定电流 1.2 倍，且通电时间不大于 30 s。

二、温控器的检查、更换

1. 机械式温控器检查

机械式温控器在常温下一般为接通状态。检测时需要提供低温的环境进行通断动作检查。检测过程包括机上检验和冷冻室内检验。

（1）温控器机上检验法

温控器在机器上不拆动的情况下进行检验。在制冷正常运行中，若发现箱室温度过低，压缩机运转不停，将温控器旋钮旋至"热点"1 挡位置，仍不停机，检查感温毛细管贴压是否完好，接线正常，则说明温控器失灵或损坏。反之，将旋钮调至"冷点"，仍不开机，应再检查温控器接线及触点，如果正常，则说明温控器失灵。应予以更换。

（2）在冷冻室内检验温控器

将拆下的温控器旋钮调至"正常"4 挡，在室温下用万用表检测两接线端子电阻，正常应为接通状态（阻值趋于 0），如图 2—92 所示；然后把感温毛细管插入 −15℃ 冷冻室空间约 30 min，用万用表检测两接线端子电阻，应为无穷大。将温控器拿出冷冻室，置于室温（15℃ 以上）2～3 min 内应能听到复位声。

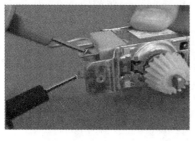

图 2—92　检验温控器

2. 热敏电阻检查

电子式温控器的主要元件为 NTC 热敏电阻。检测时，用万用表欧姆挡（视标称电阻值确定挡位，一般为 R×1 挡），具体可分两步操作：

首先常温检测（室内温度接近 25℃），用鳄鱼夹代替表笔分别夹住 NTC 热敏电阻的两引脚测出其实际阻值，并与标称阻值相对比，二者相差在 2 Ω 内即为正常。实际阻值若与标称阻值相差过大，则说明其性能不良或已损坏。

其次降温检测，在常温测试正常的基础上，即可进行第二步测试——降温检测，将热敏电阻放入冰水或冷冻箱内，观察万用表示数，此时如看到万用表示数随温度的降低而变大，当阻值改变到一定数值时显示数据会逐渐稳定，说明热敏电阻正常，若阻值无变化，说明其性能变劣，不能继续使用。

热敏电阻检测时应注意以下几点：

（1）R_t 是生产厂家在环境温度为 25℃ 时所测得的，所以用万用表测量 R_t 时，也应在环境温度接近 25℃ 时进行，以保证测试的可信度。

（2）测量功率不得超过规定值，以免电流热效应引起测量误差。

（3）注意正确操作。测试时，不要用手捏住热敏电阻体，以防止人体温度对测试产生影响。

3. 机械式温控器的更换

以某电冰箱的机械式温控器为例，介绍温控器的拆卸。

步骤 1　断电

断开家用制冷器具电源，拔下电源插头。

步骤 2　外壳拆卸

从箱体内壁上取下温度传感器，将温控器组件从电冰箱顶盖上卸下，如图 2—93 所示。

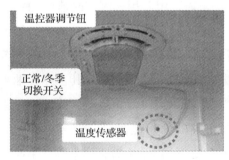

图 2—93　外壳拆卸

步骤 3　温控器拆卸、更换

卸下壳体上的温控器固定螺钉，即可将温控器进行更换，如图 2—94 所示。

步骤 4　复位

更换后将器件安装复位。通电试运行，检查温度控制是否正常。

4. 安装及使用注意事项

传感器感温头必须安装在设计规定的固定夹内，紧贴在蒸发器板上，方向位置要正确。传感线及感温头部分必须密封完好，无破损、折裂，避免水分入侵，造成

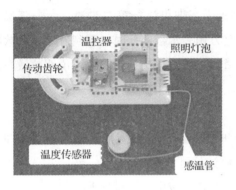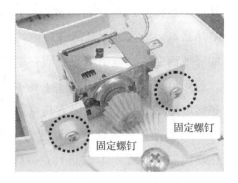

图 2—94　温控器拆卸、更换

参数漂移。

夏天需将温控器的控制温度值设得高一些，避免压缩机长时间运行或压缩机不停机；冬天需将温控器的控制温度值设得低一些，否则可能导致压缩机运行时间过短，导致冷冻室的温度偏高，影响冷冻效果。

三、化霜控制元件的检查、更换

1. 化霜定时器的检测

化霜定时器有四个接头（见图 2—95）。其中两个接头（C、A）是定时电动机引出线，另两个接头（B、D）是电触点。正常时，用万用表测定时器电动机线圈电阻值（C—A 之间）应为 7 kΩ 左右。化霜定时器的电触点相当于一个单刀双掷开关，如 C—B 之间通（$R=0$），则 C—D 之间应断（$R \rightarrow \infty$）。再将其手控转轴顺时针旋转到出现"嗒"的一声时停止旋动。此即为化霜位置。在此时用万用表欧姆挡测量应该是 C—B 之间断（$R \rightarrow \infty$），而 C—D 之间通（$R=0$）。如果再将手控转轴顺时针旋转很小一个角度，又会出现"嗒"的一声。这

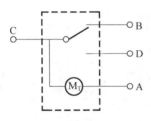

图 2—95　化霜定时器
工作原理图

时，又恢复到 C—B 通，C—D 断的状态。

化霜定时器减速齿轮传动性能检测。方法是将化霜定时器接线接上，让电冰箱通电工作，并在手控转轴上作上一记号。待电冰箱工作 1～2 h 后，所作的记号应顺时针转动一定角度。否则，说明化霜定时器的传动机构有问题。

2. 化霜加热器和温度熔断器的检测

化霜加热器在家用制冷器具中种类很多，检测时可用万用表来测量加热器引线两端是否处于导通状态，同时应有一定的阻值。不同用途的加热器阻值不同，一般从几

百欧到几千欧不等。若处于断路状态，则说明加热丝已经被烧毁，应予以更换。

温度熔断器在常温下为导通状态，用万用表测量即可判断。若阻值为∞，则多为化霜超热保护熔断器已熔断，应予以更换。

在拆装加热丝时必须注意以下问题：

（1）检查化霜加热丝安装固定是否牢固。

（2）重点排查加热丝的前后左右以及下部是否靠在内胆上，或者距离内胆非常近。

（3）检查连接线缆是否碰到蒸发器、加热管上。

如果存在以上任何一个隐患都必须立即解决排除，保证加热丝固定牢固，不与周围部件相碰。

3. 化霜温控器的检测

拔下化霜温控器，用万用表电阻挡测其两根引出线。常温下（高于13℃），电触点是断开的，检测到的电阻值应为∞。然后将温控器放在电冰箱冷冻室内使其温度降至 -5℃以下，电阻值应为 0。

学习单元 3　家用制冷器具电气部件的检查与更换

学习目标

➢掌握家用制冷器具常用电气部件的性能、特点

➢能对家用制冷器具常用的电气部件进行检查及更换

知识要求

除了上一节介绍的主要电气控制元件外，家用制冷器具中其余的电气部件还包括：电磁阀、蒸发风机、照明灯、指示灯、门位开关、控制开关等。

一、电磁阀

电磁阀用于家用制冷器具中，通过电路切换来改变制冷系统的流向，控制不同室温的工作状态，其工作原理已于本章第2节中做了介绍。电磁阀的动作是依靠线圈通电产生磁力驱动的，因此，电磁阀线圈的质量很大程度上决定了电磁阀的工作

可靠性。电磁阀外形如图 2—96 所示。

1. 电磁阀线圈发热的原因

电磁阀的线圈在工作状态（通电）下，铁心被吸合，形成一个封闭的磁路，其发热属正常现象。但如果由于油污、杂质、变形等因素使铁心活动受阻，铁心通电时不能顺利吸合，线圈阻抗减少，这样就会导致线圈电流过大，出现异常发热的现象，影响使用寿命，严重时会导致线圈烧毁。

图 2—96　电磁阀

2. 电磁阀的检修

当发现电冰箱压缩机工作，但冷藏、冷冻、变温或微冻中某一室或二室、三室不制冷时，应着重检查电磁阀（有一室能工作）。电磁阀产生阀体不动作的故障原因主要有线圈烧坏、驱动板元件损坏、阀体卡住等。检测步骤如下：

（1）单稳态电磁阀的检修

1）用万用表测电磁阀插头处有无 220 V 交流电压。

2）检测驱动板熔丝是否烧坏。

3）检测驱动板上的电容是否击穿、漏电。

4）检测电磁阀线圈阻值是否正常。

（2）双稳态电磁阀的检修

1）用万用表检测电磁阀线圈阻值为 2 kΩ 以上（其阻值根据各电冰箱厂家要求有所不同）。

2）用万用表检测脉冲电压，可将万用表功能旋钮调到直流 50 V 挡，用黑表笔接触零线，红表笔接触主板给电磁阀输出信号端，正常情况下，第 15 s（视各厂电冰箱而定，但是基本上都在此范围内）主板会给电磁阀一个维持脉冲信号（脉冲信号输出的长短，取决于主板的设计程序）。信号输出时，万用表指针会向左摆一下，持续时间为数秒。若表针不动，说明主板有故障，而非电磁阀自身故障。

另外，无论单稳态还是双稳态电磁阀均有发生泄漏的可能，因此对电磁阀进行检漏也是十分必要的。在对电冰箱高低压分别进行保压检漏时，电磁阀部分连接于高压侧，因电磁阀体较大又安装于压缩机旁的狭窄空间里，最好能将阀体拆开。拆开后，如果发现阀体的焊接部位有油渍，说明此处有明显的漏点，需要加固焊接。若无明显油渍，则应用肥皂沫涂于电磁阀焊缝四周，如有气泡溢出，说明有微小漏。检测时切不可将电磁阀浸于水中，否则易造成驱动板、线圈受潮短路。

二、蒸发风机

在间冷式无霜电冰箱中配有循环风机，强制箱内的空气流过蒸发器表面冷却，冷空气通过风口吹入冷冻、冷藏室，达到冷冻冷藏目的。

蒸发风机（见图 2—97）由风扇叶和电动机及网罩组成。风扇电动机采用轻载单相交流罩极式的较多，不同的无霜电冰箱装配的循环风机结构原理相同，区别只是在外观和轴杆的粗细及长度。功率为 6.5～8 W，转速为 2 500 r/min 左右。风扇电动机一般都装在翅片管式蒸发器后侧。

图 2—97　蒸发风机

对于双门电冰箱，以某无霜电冰箱的电路图为例（见图 2—98），风扇电动机运转是在关门时才能与压缩机同步运行。风扇控制回路中串联了冷藏室门位开关和冷冻室门位开关，两门同时关闭时风扇电动机才能通电运转。打开其中一门，就无法实现风扇电动机运转，所以，在检查风扇运转是否正常时，应将门位开关都按下。

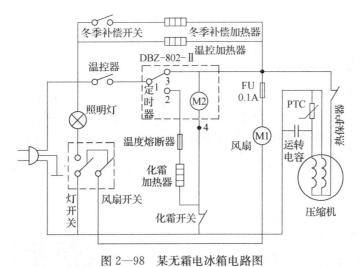

图 2—98　某无霜电冰箱电路图

三、照明灯及门位开关

家用制冷器具的照明灯一般安装在冷藏箱的箱内侧壁或顶板上，照明灯与门位开关串联，实现箱体门开时照明灯点亮，门关后照明灯熄灭，如图 2—99 所示。

冰柜电气系统中一般设计有多个指示灯。一旦脱位失灵，应严格按照随箱电路图

图 2—99　照明与门位开关联动

准确接线，如图 2—100 所示。

　　在无霜电冰箱中，门位开关还兼有控制风扇电动机的作用，即打开箱门时使风扇电动机瞬间停止运转，关门后恢复运行。具体控制电路如图 2—98 所示。

图 2—100　指示灯插片

 技能要求

家用制冷器具电气部件的检查、更换

一、电磁阀线圈的检查、更换

1. 电磁阀线圈的检查

（1）通电检查

将电磁阀直接输入 220 V 交流电源，时间不超过 3 s，观察电磁阀是否有动作（如有动作则手摸有震动感，线圈处发热）。如果无震动感，进入下一步骤。

　　注意：由于线圈里设有保护装置，当长时间给电磁阀通交流电后，电磁阀线圈将被自动保护，此时电磁阀不能继续工作。属于正常现象，不是故障。

　　（2）线圈阻值测量

　　用万用表测量电磁阀两接线端子的电阻（见图 2—101），线圈有电阻，应该在 1 kΩ 左右（阻值有可能根据特定情况有所变化）。如果测得线圈

图 2—101　测量线圈阻值

的电阻为无穷大则说明线圈断路，如果测得线圈电阻趋于零则说明线圈短路，都应更换线圈。

2. 电磁阀线圈更换

以双联电磁阀为例，介绍更换电磁阀线圈的步骤。

步骤 1　断电准备

断开家用制冷器具电源，拔下电源插头。

用一字旋具撬开上罩壳，取下电磁阀罩壳，拔下线圈上的连接线，如图 2—102 所示。

图 2—102　拔下连接线

步骤 2　将电磁阀与连接板分开，将线圈与外壳分离（见图 2—103）

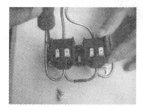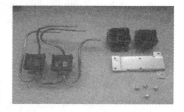

此处小心，切不可破坏外壳

图 2—103　线圈与外壳分离

步骤 3　将阀芯部件与线圈分离（见图 2—104）

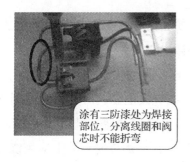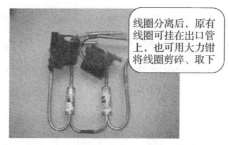

线圈分离后，原有线圈可挂在出口管上，也可用大力钳将线圈剪碎、取下

涂有三防漆处为焊接部位，分离线圈和阀芯时不能折弯

图 2—104　阀芯部件与线圈分离

步骤 4　将两个外壳固定在连接板上，将外壳与阀芯体固定，装配到位（见图 2—105）

步骤 5　将维修线圈装扣在阀芯和外壳之上，此处维修线圈须装扣到位（见图 2—106）

步骤 6　安装后测试，复位

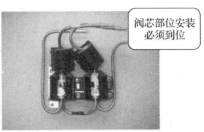

阀芯部位安装
必须到位

图 2—105　装配外壳与阀芯体

图 2—106　装扣维修线圈

将两个维修线圈都装好之后，测试其是否可以正常工作。如可以正常工作，装配好导线、罩壳之后，整个更换过程完成。

为了验证正确更换线圈后的电磁阀是否工作正常，同样可以采取输入交流 220 V 电源的方法进行测试。如果更换后无效，则要采取更换电磁阀的方法维修。

3. 注意事项

（1）在维修过程中注意保持好整个管路系统的洁净。不洁净的制冷系统，除了会导致电冰箱出现"堵"的故障之外，也将导致电磁阀无法正常工作。

（2）在装配电磁阀时，注意识别管路的标记，避免连接错误。

（3）由于电磁阀内部密封采用橡胶材料，在焊接电磁阀时应注意时间不能过长（不要超过 5 s）。焊接时间过长，将导致高温热量传递到电磁阀内部的橡胶中，引起橡胶的变化，并可能导致电磁阀工作异常（焊接时管路上应缠绕湿布淋水降温）。

二、蒸发风机的检查、更换

1. 风扇电动机的检查

打开冷冻室箱门，按住门开关。如风扇不转，卸下后栅板。观察风叶是否被蒸发器上的厚霜层卡死。若为此现象，则是化霜装置有问题。排除了化霜系统的故障，风扇电动机恢复正常，如图 2—107 所示。

如化霜系统正常，则检查风扇电动机绕组。断电后拔下电动机插头。用万用表的 R×10 挡测电动机绕组的直流电阻值，正常时，应为 300～500 Ω。如阻值为无穷大，则可能为绕组断路；如阻值为零或阻值很小，则表明绕组短路。发现故障后，能修则修，不能修则更换电动机。

图 2—107　检查风扇
电动机

2. 风扇电动机的更换

步骤 1　断开电源，清理风扇周围的食品

步骤 2　拆卸风机防护罩

步骤 3　拆卸风机扇叶、电动机

步骤 4　拆解风机电源线

步骤 5　更换同规格的风机电动机

步骤 6　复原风机电动机各部件及防护件

步骤 7　通电试运行

3. 注意事项

（1）检测风机叶片与支架、冷凝器、排水管等是否有干涉的隐患。

（2）检测风机支架是否固定牢固，不准出现晃动现象。

（3）检查风机在运转中是否有异响，风机转速是否正常。

（4）清理风机叶片和压机后盖上的灰尘。

（5）指导用户不要在电冰箱背后以及左右两侧放置任何东西，电冰箱后背距离墙壁应在 15 cm 以上。

以上几点在上门检查时必须严格检查到位，任何一点出现问题都必须立即解决，否则容易出现起火的隐患。

三、照明灯及门位开关的检查、更换

1. 照明灯的检查

家用制冷器具中照明灯容易出现的问题有门开灯不亮，门关灯不灭。引起该故障的原因及其排除方法如下：

（1）照明灯与灯座接触不良

将照明灯泡拧紧，必要时在两者接触点加些焊锡。如果是螺钉、灯泡与灯垫接触不良，则可用小旋具将灯座中的铜接触片向上撬，使其接触良好。将灯泡拧紧，检查调整弹簧压力即可。

（2）照明灯泡损坏

检查照明灯泡的灯丝，如果灯丝断裂，应更换同型号照明灯，一般规格为 220 V、15 W。

（3）门灯开关接点接触不良

拆开灯开关，将其中的弹簧拉长一点，或更换灯开关。

（4）照明灯回路断线

用万用表沿电路检查，找出断线处，焊接好。

2. 照明灯的更换

如果照明灯损坏，需要更换，具体步骤如下：

（1）断开电源，将照明灯外罩组从冷藏室壁面上拆下。

（2）灯泡暴露出来后，将损坏的灯泡从灯座上拧下，换上新的灯泡。

（3）照明灯复位，通电测试。

3. 门位开关的检查及更换

如果门位开关出现动作不良的现象，可以将其从内胆上拆下，用万用表检查两接线端子间电路，按下开关，电路应断开；松开开关，电路应导通。否则，说明门位开关故障，应更换新的开关。

第 6 节　制冷系统检修

 学习目标

➢ 了解家用制冷器具制冷系统运行的状态参数

➢ 能检测蒸发器、冷凝器的运行状态

➢ 能对蒸发器、冷凝器的故障进行排除

 知识要求

以某变频电冰箱双路循环制冷系统为例，如图 2—108 所示。冷藏蒸发器与冷冻蒸发器并列制冷，相互间不受影响。冷藏蒸发器和冷冻蒸发器分别受两室的温度控制，两室的制冷轮流进行。

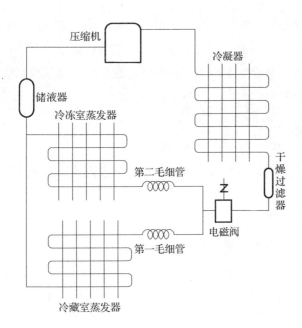

图 2—108　双路循环制冷系统流程图

　　低温、低压、低干度的制冷剂湿蒸气进入蒸发器中，吸热汽化为低温、低压的气态制冷剂，再进入压缩机压缩为高温高压的过热制冷剂气体，然后进入冷凝器冷凝放热成为中温高压的过冷液态制冷剂，然后经过毛细管节流，降压为低温低压低干度的制冷剂湿蒸气，如此循环往复，实现制冷功能。

　　由此可知，制冷系统以毛细管和压缩机为分界点，冷凝器一侧为高压部分，蒸发器一侧为低压部分。蒸发器内发生的是近似定压汽化过程，温度几乎不变。冷藏室及冷冻室根据功能不同，对应蒸发器的蒸发温度不同。而冷凝器内发生近似定压凝结和降温过程，出口制冷剂具有一定的过冷度。

　　冷凝器制冷剂与环境空气换热的温差设计多为 12℃，冷凝器出口制冷剂过冷度多为 5℃左右；蒸发器温差为 5℃左右。如 N 类型的电冰箱，气温 32℃时，冷凝温度为 44℃，T 类型的电冰箱气温 43℃时，冷凝温度为 55℃；三星级电冰箱在适用的气温范围内，冷冻箱内温度不高于－18℃，所以 N 类型电冰箱，气温 32℃时蒸发温度为－23℃左右。家用制冷器具中的制冷剂种类不同，系统运行的温度对应的饱和压力值也不同。以 N 类型电冰箱采用 R134a 制冷剂为例，制冷工作稳定后，系统中的低压压力应为 0.02 MPa（表压）左右，高压压力应为 1.0 MPa（表压）左右。

　　制冷系统运行时，可以通过摸、看、听等手段来进行初步的诊断。

　　（1）摸冷凝器表面温度，温热为正常；摸冷藏箱、冷冻箱内表面，如与设定温度相当，表示蒸发器为正常。

（2）制冷正常运行 2 h 后，看冷冻箱内表面，有适量结霜为正常。

（3）制冷运行时，听有无异常杂声，无异声为正常。

如果家用制冷器具出现制冷不正常现象，在排除了电气控制故障之后，应对蒸发器及冷凝器进行检测。

 **技能要求**

家用制冷器具蒸发器、冷凝器的检修

一、蒸发器的检修

家用制冷器具中蒸发器常见的问题有制冷剂泄漏、结霜严重等，导致制冷系统不能正常运行。主要表现为制冷效果不佳或压缩机长时间运转不停机等。通过对家用制冷器具化霜控制电路进行检修可以解决蒸发器结霜严重的问题。而蒸发器泄漏的检修应按下述步骤进行。

1. 检漏

（1）机器出现压缩机长时间运转后不制冷或制冷效果不良的问题时，可用手摸冷凝器表面，如果温度较低，可初步判断为系统出现泄漏。

（2）切断电源，打开压缩机工艺管，检查放气量，说明故障确为制冷剂泄漏。

（3）对系统管路分段打压检漏，以确定泄漏的部位。将压缩机高压管断开，靠压缩机侧焊封，另一端与修理阀连接为高压侧，加压至 1.0 MPa（一般不超过 1.2 MPa）；打开过滤器与毛细管焊接处，两端焊封，压缩机工艺管接修理阀后为低压侧，加压至 0.6 MPa 左右。对外漏管路接头可以采用涂抹肥皂水的方法检漏，其余部分采用加压 24 h 保压。若低压侧压力值下降，说明蒸发器有漏点。

2. 修补漏点

蒸发器出现内漏故障后，根据蒸发器结构形式和安装方式不同，可采取不同的修补措施。具体的修补方法有开背维修、套加蒸发器等方法。

（1）开背维修

对于暗装式蒸发器来说，为了保证维修效果，考虑美观，可以对蒸发器进行开背维修。

步骤 1　准备

准备开背维修所需工具及物料，将制冷器具的压缩机拆下封口。机器背面朝上放倒。

注意：放倒时不要损坏机器，必须垫好泡沫。

步骤 2　开孔

根据制冷器具的结构设计，在机器后面适当位置确定开孔面积。开孔中心位置应为蒸发器铜铝焊接接头位置。

沿着长方形边界用无齿锯将钢板割开，开口表面要均匀美观。割开后将钢板移走。将发泡料慢慢清理出来，直至露出管路接头。清理时不要损伤内胆和管路，快挖到管路时要小心。

步骤 3　确定漏点

对系统打压，检查漏点。如果找不到漏点，可以更换箱体。

步骤 4　漏点处理

对漏点处接头表面进行清理，可用粗砂纸打磨，然后用酒精等溶剂清洗表面，使之呈现出金属光泽。

漏点的修补可用以下两种方法：

1）酸洗焊接法。先将蒸发器漏孔堵住，用细砂纸将漏孔周围打磨，擦净后，在漏孔周围滴几滴稀盐酸溶液，稍等片刻，再加入几滴较浓的硫酸铜溶液，待漏孔周围有铜覆盖时，用布擦干。拔出堵孔物，用 100 W 大功率电烙铁进行锡焊堵漏即可。

2）粘剂补漏法。将蒸发器漏孔周围打磨、擦净后，涂上丙酮溶液，待挥发后，在一小块玻璃或硬纸板上将 TC－311 型粘胶的 A、B 两管胶，按 1∶1 比例调匀，涂于漏孔处。若漏孔较大，可剪一块比漏孔稍大的铝片，用细砂纸打磨、擦净后，涂上丙酮液，待挥发后，再涂上胶黏剂贴在漏孔上。在室温下固化 24 h 后，就可进行打压试验，不漏即可。

步骤 5　试压整理

对漏点位置进行 0.6 MPa 的压力试验，检查密封效果。整理管路，用铝箔胶带将管路紧紧固定在蒸发器上（毛细管不能固定）。

步骤 6　发泡

用铝箔胶带在开口处周围贴一层，只留一个小注料口。将发泡料放在干净容器内快速搅拌均匀，开始有膨胀迹象时将发泡料倒在开孔处，用一平板盖住注料口并压紧。发泡约 5 min，待发泡料完全固化后，将所有胶带去掉，用刀片将钢板外发泡料清理干净。

步骤 7　封口

将割下的钢板重新铺在开孔处，用热熔胶对接口处进行密封，凝固后用刀片削平。然后用防水胶纸贴在开口处。

步骤 8　复位

将机器立起后，将压缩机装上，管路恢复原状。

（2）套加蒸发器

为了节省维修成本，缩短维修周期，还可以采用在原机器上套加蒸发器的方法进行维修。参考同类容积冷冻室、冷藏室蒸发器的结构参数，套加蒸发器有两种方式：

1）选择合适的嵌入式成品蒸发器直接套加在冷冻室上端或冷藏室内壁。

2）自行根据需要的蒸发器面积绕制蒸发器管形，并将其直接贴压在原蒸发器壁面上。

套加蒸发器安装后，将新蒸发器两端接管与原位置压缩机和毛细管接口焊接。焊接完成后，从工艺管修理阀冲入 0.6 MPa 氮气，经 24 h 保压试验。试验合格后，用螺钉、卡子等对蒸发器进行整形固定。

3. 抽空充冷

将制冷系统管路恢复原状，对制冷系统进行抽空和充注制冷剂操作。

4. 复位

将机器通电运行，调至强冷挡，运行 2 h 后，各冷藏冷冻空间温度达到要求，维修结束。

5. 注意事项

（1）箱体进行打压检测时，尤其是多系统电冰箱，一定要把高低压分开打，不能直接在工艺口直接打压，否则很容易出现漏检。

（2）加压气体应为氮气或干燥空气。

（3）检漏压力的变化应考虑环境温度的影响，一般情况下，随着温度的变化加压后压力都有微小变化，一般不超过 0.02 MPa 的变化可忽略。

（4）低压检漏在检外部漏点时，应特别对冷冻室、变温室的洛克环焊点重点进行检测。

二、冷凝器的检修

家用制冷器具中冷凝器常见的问题有制冷剂泄漏、脏污严重等，导致制冷系统不能正常运行。主要表现为制冷效果不佳或压缩机长时间运转不停机等。通过对冷凝器进行清洗可以解决脏污的问题，详见本章第 2 节。而冷凝器泄漏的检修应按下述步骤进行。

1. 检漏

检漏方法同蒸发器的检修。分压检漏时若高压侧压力值下降，说明冷凝器有漏点。

2. 修补漏点

冷凝器出现内漏故障后，根据冷凝器结构形式和安装方式不同，可采取不同的修补措施。外置式冷凝器可以直接对漏点进行修补，而内置式冷凝器一般贴压在箱外板内侧，焊接和更换都不方便，因此在征得用户的前提下，可以采用改装外置冷凝器进行修复。其操作步骤同套加蒸发器的修补方法相同，修补完成后，试压的压力应为 1.0 MPa。

3. 抽空充冷

将制冷系统管路恢复原状，对制冷系统进行抽空和充注制冷剂操作。

4. 复位

将机器通电运行，调至强冷挡，运行 2 h 后，若各冷藏冷冻空间温度达到要求且摸冷凝器表面温度正常，维修结束。

第 7 节　交付使用

学习目标

➤ 了解家用制冷器具检修维护成本核算知识

➤ 了解家用制冷器具的正确使用方法

➤ 能对顾客说明检修维护情况及费用

➤ 能为顾客说明家用制冷器具的使用注意事项

知识要求

家用制冷器具检修维护完成后，在将机器交付给用户时，应将检修维护的情况向用户做出说明，包括对机器故障原因、维修过程、维修费用等内容的简要说明。为了帮助用户正确地操作使用机器，还应为顾客说明家用制冷器具的正确使用方法及注意事项。

一、家用制冷器具维修费用

按照国家规定，在三包有效期内，除因消费者使用保管不当致使产品不能正常使用外，由修理者免费修理（包括材料费和工时费）。维修期间更换下来的零部件由修理者收回。对于超过保修期的维修要求，应向客户说明产品超出了三包期限，需要收费维修。

家用制冷器具的维修费用包括成本和服务费两部分内容，主要指零部件费用、各种材料费用、工时费用、交通运输费用和技术服务费用等项目。维修费用应采取明码标价的方式，可采取公示栏、公示牌、价目表、价格手册，以及用户认可的其他方式事先进行价格公示。

零部件及材料费用中应注明品名、产地（国产标省名、进口标国名）、规格、计价单位、零售价格等，一般由制造厂家确定。工时费、交通运输费等一般由各售后服务提供方根据当地情况确定。

收费时，应现场提供收费结算单和发票（或先提供收据，补换发票）。

二、家用制冷器具正确使用

以家用双门冷藏冷冻箱为例，介绍家用制冷器具的正确使用方法。

1. 安装

（1）电冰箱在搬移时应注意机身倾斜不能超过 45°；电冰箱应置放在平坦、牢固的地面，调平底脚。

（2）电冰箱应放在阴凉避光处，避免阳光直接照射；电冰箱两侧及后部要留出 10～15 cm 的空间，确保通风良好，以便散热。

（3）电冰箱上不应摆放重物或过多的杂物，特别是不能摆放其他电器。

（4）电源安排。要为电冰箱安排单独的电源线路和使用专用插座，不能与其他电器合用，否则可能会造成事故。

注意：电源电压波动大，如反复断电，应暂停电冰箱的使用，拔去电源插头，防止烧坏压缩机。

2. 开机运行

（1）通过调节挡位来调节电冰箱内的温度。转换温度控制器旋钮，选择一挡适合的电冰箱温度。温控器的旋钮刻度一般为 0～7，0 是停机，7 是强冷，0～6 挡温度越来越低。

（2）电冰箱安装完成后放置 2～3 h 再通电使用，空箱试运转 2 h 左右，待箱内温度达到稳定后才能储存食品。电冰箱停机后不要马上再通电启动压缩机，应停2～5 min 再行启动。

（3）电冰箱储藏温度范围：冷冻室的温度区间为 −24～−4℃（三星级最低−18℃，四星级最低−24℃），冷藏室的温度区间为 5～15℃。用户可以根据电冰箱各室的标识或说明书的指示来分区储藏不同种类的食品。

（4）食品储存注意事项

1）箱内储存物不能过多过挤，要有冷气对流空隙。

2）食品储存最好用保鲜膜或者保鲜盒，这样可以有效防止电冰箱内产生异味。

3）瓶装液体食品不可以冷冻，防止液体结冰体积增大损坏瓶体。

4）热的食物要放凉后才能放入箱内，否则会影响其他食品的味道，增大耗电量。

5）冰淇淋、鱼等动物脂类食品应储放在冷冻室（器）内，不要放在门搁架和近门口部位，因为该处温度较高。

（5）尽量减少开门次数。频繁开门会使冷气外溢，造成电冰箱内温度上升，进而导致压缩机长时间工作，耗电量增大。尤其是停电期间应尽量减少开箱门的次数，在电冰箱门紧闭情况下食品可以保鲜 15～20 h。

（6）速冻的使用：对需要长期存放的冷冻食物应进行速冻处理，速冻的方法是将温控器调到 5 挡或强冷，待 3 h 后将温控器调回原挡位。此时速冻食物的表面温度在零度以下。

3. 夏季运行

夏季温度超过 30℃时，应将设定温度调高一点，防止压缩机不停机导致冷藏室结冰严重，耗电量增大。

4. 冬季运行

冬季的时候，环境低温会影响温度控制系统正常工作，此时应打开电冰箱上的低温开关（也称冬季开关）。当使用低温开关后，冷藏室的温度将发生变化，一般易冻坏的食品不要再存放到冷藏室内。

5. 除霜

及时除霜很重要。电冰箱内的霜太厚时，会降低电冰箱的制冷性能，增加耗电量，甚至使压缩机长时间运行而发热、烧坏。另外，长时间不除霜，会使电冰箱发出异味。一般情况下，霜层达 5 mm 厚时，就应除去。

6. 报废更新

对于安全使用年限外的电冰箱，应及时报废更新。

 **技能要求**

家用制冷器具交付使用

一、维修情况说明

家用制冷器具维修完成后，交付给用户时，应向用户简要说明本次维修的情况，包括故障现象、原因分析、故障维修（零件更换情况）、维修费用等内容。

二、介绍使用方法

家用制冷器具在维修后给用户送回，如果不给用户调节合适或咨询不到位，很容易出现用户因不理解再次报修，造成不必要的上门，为此要求给用户送回修好的电冰箱必须进行调节和咨询，做到"到了就好"。

1. 将机器按用户的要求放置到位，调整底座水平，并指导用户，然后告诉用户，如果机器挪动造成底座不平可能会造成异响，应注意调节底角。

2. 检查门体是否平整，铰链是否松动，抽屉搁物架等是否到位，保证机器无异常。

3. 放置至少 15 min（如果运输条件差或倾斜角度大，需要适当延长静置时间）以上再给用户插电，检查机器噪声有无异常。

4. 调节机器合适挡位，如果环境温度过高，对人工智慧功能机器可选择人工调节给用户调节到位。调节完毕，向用户解释挡位设定原则，一定要让用户理解冬季挡位高夏季挡位低的原因。

5. 运行 5 min，检查冷藏后背或冷冻室蒸发器是否正常结霜，并给用户讲解电冰箱各个室的温度及放置食品要求。

6. 给用户讲解散热原理，特别是侧板散热的机器，应给用户讲清楚为什么两侧板发热。

7. 告诉用户食品放入时间：对温度显示的机器，在运行 2 h 后，参考显示温度是否降到 −18℃。机械控制的制冷器具保证运行 2 h 且在放入食品时注意冷冻是否已经很冷。如果环境温度很高，制冷时间就要相对延长，但一般不超过 5 h。

8. 如果环境温度很高，特别是夏季，要向用户解释在开始使用时为什么会开机时间长，为什么温度下降得慢，防止用户过早放入食品导致机器不停机。

第3章

家用空调器具维修

第1节　电气系统维护

 学习目标

➢ 了解家用空调器电接点与触点常见故障及故障产生的原因
➢ 能排除家用空调器电接点与触点故障

 知识要求

一、家用空调器电接点与触点结构

家用空调器配有电源插头、接线端子及快接插头等。将电源插头插接到电源插座上即可给空调器供电。

家用空调器的电路通断多采用继电器（见图3—1），通过继电器的电磁线圈驱动触点动作实现电路通断，其工作原理如图3—2所示。继电器中包含有动触点、静触点、线圈、衔铁。在不通电状态下复原弹簧将衔铁向上托起，使继电器动触点和静触点之间保持一定间隙。通电时电磁线圈产生电磁力矩，当其超过弹簧拉力矩时，衔铁被吸向铁心，同时衔铁带动触点簧片，使常闭触点断开常开触点闭合，完成继电器工作。

图 3—1　继电器外观图

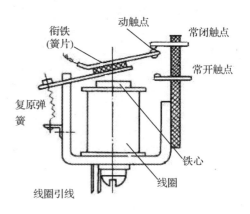

图 3—2　常见继电器工作原理图

二、家用空调器电接点与触点常见故障原因分析及对策（见表 3—1）

表 3—1　　　　　　　　　　继电器故障原因分析及对策

故障	原因	对策
（1）动作不良	1）线圈额定电压选择错误 2）配线不良 3）没有输入信号 4）电源电压下降 5）电路电压下降 （特别是附近的大型机器工作时或长距离配线时要注意） 6）使用环境温度上升引起工作电压（感应电压）的上升（特别是直流型） 7）线圈断线	1）重新选择额定电压 2）线圈端子之间的电压确认 3）线圈端子之间的电压确认 4）电源电压的确认 5）电路电压的确认 6）继电器的单独动作测试 7）由烧坏引起时参照（3）项，由电气腐蚀作用引起时，要确认线圈电压的外加极性
（2）复位不良	1）输入信号断开不良 2）迂回线路引起向线圈外加电压 3）半导体电路等组合电路引起残留电压 4）线圈和电容器并联引起复位延迟 5）接点的熔接	1）确认线圈端子之间的电压 2）确认线圈端子之间的电压 3）确认线圈端子之间的电压 4）确认线圈端子之间的电压 5）有关熔接，参照（4）项
（3）线圈烧坏	1）线圈外加电压不合适 2）线圈额定电压选择错误 3）线圈层间短路	1）重新选择额定电压 2）再次确认使用环境 3）再次确认使用环境

续表

故障	原因	对策
（4）接点熔接	1）连接负载设备过大（接点容量不足） 2）开关频率过大 3）负载电路的短路 4）蜂鸣导致接点开关异常 5）达到规定的耐久次数	1）确认负载容量 2）确认开关次数 3）确认负载电路 4）参照（7）项 5）确认接点额定值
（5）接触不良	1）接点表面氧化 2）接点磨损、劣化 3）使用不良导致端子错位及接点错位	1）①使用环境的再次确认 ②重新选择继电器 2）达到规定的耐久次数 3）使用时注意 ①耐振动、冲击 ②焊接作业
（6）接点的异常消耗	1）继电器选择不适合 2）对负载机器考虑不足（特别是电动机负载、螺线管负载、灯负载） 3）无接点保护电路 4）邻接接点之间耐压不足	1）重新选择 2）重新选择 3）追加火花消弧电路等 4）重新选择继电器
（7）蜂鸣	1）线圈外加电压的不足 2）电源纹波过大（直流型） 3）线圈额定电压选择错误 4）输入电压缓慢上升 5）铁心部位的磨损 6）可动铁片和铁心之间混入异物	1）确认线圈端子之间的电压 2）确认纹波系数 3）重新选择额定电压 4）添加和更改电路 5）达到规定的耐久次数 6）清除异物

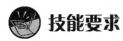 **技能要求**

修复家用空调器电器触点麻点烧蚀故障

一、操作准备

准备维修工具。万用表、测电笔、尖嘴钳、白金砂条或 00 号砂纸、抹布、油石、玻璃平板、壁纸刀、小平头旋具、什锦锉等。

二、操作步骤

步骤 1　断电

将空调器断电，并对需拆解的继电器及其触点做放电操作。

步骤 2　拆解继电器动触点

步骤3　将00号砂纸固定到玻璃平板上

步骤4　打磨

将动触点持平，在砂纸上平行摩擦。将触点的烧蚀毛刺、麻点打磨掉，使触点接触面平整。

用砂纸处理静触点，去除烧蚀毛刺、麻点等。

步骤5　用抹布将触点表面擦拭干净

步骤6　将触点组装、复位

三、注意事项

1. 注意操作人员的安全。

2. 在维修更换不良继电器的同时，清理其他继电器表面的灰尘和杂质。

第 2 节　制 冷 系 统 维 护

 学习单元 1　清洗冷凝器和蒸发器的表面污垢

 学习目标

➢了解家用空调器的冷凝器和蒸发器结构及特点

➢掌握清洗家用空调器冷凝器和蒸发器外表面污垢的方法

 知识要求

一、家用空调器的冷凝器结构及特点

空调器用冷凝器根据换热介质的不同可分为水冷式和风冷式两种。家用空调器一般采用风冷冷凝器，也称翅片式冷凝器。

翅片式冷凝器（见图 3—3）采用 $\phi 10\ \mathrm{mm}$ 的 U 形管上套翅片，制作成 L 形，通过风机强制空气循环散热，传热效率高，构造紧凑，占用空间小。同时由于空气流量较大，带动的灰尘较多，冷凝器容易脏、堵。

二、家用空调器的蒸发器结构及特点

与冷凝器一样，空调器用蒸发器根据换热介质的不同也可分为冷水式和冷风式两种。家用空调器一般采用冷风型蒸发器，也称翅片式蒸发器。

图 3—3　翅片式冷凝器

翅片式蒸发器通常采用铜管套铝片，并配置循环风机强制空气流过蒸发器。在相同换热器结构的情况下，风量越大换热效果越好，具体结构如图 3—4 所示。

图 3—4　蒸发器结构图

三、家用空调器冷凝器和蒸发器外表面污垢的清洗

1. 清洗目的——去污、消毒、节能

空调器夜以继日地运转，在密闭空间内，空调风循环运作，空调器里的过滤网和散热片很容易囤积大量灰尘、螨虫、花粉和霉菌等，成为各种病原微生物的繁殖场所，并形成大量的恶臭气体。这些病菌随着空调风吹向室内各个角落，进入人体的呼吸道，有可能造成打喷嚏、流鼻涕、鼻塞、鼻眼耳痒、咳嗽、气喘、感冒、头晕乏力等症状，近年来，空调器污染已逐渐演变为危害人们健康的隐形杀手。

通过清洗达到去污消毒的同时，冷凝器有效工作面积随之增大，单位面积的热交换效率提高，空调器制冷制热效率明显提高；散热片间、过滤网空气流动阻力减小，通风量得以增大，达到设定温度的时间缩短。

2. 清洗剂种类

清洗液应选择中性洗涤剂，现在市场上有很多用于清洗室内换热器的消毒剂，在清洗的同时也达到消毒的作用。酸性、碱性洗涤剂都会腐蚀蒸发器（如去垢剂、洗衣粉、汽油、84消毒液等，也不可用开水），可采用清水直接清洗（室外机换热器可以直接采用清水清洗）。

3. 清洗污垢方法

冷凝器表面的灰尘阻碍制冷设备冷凝热量的散发，降低了设备的制冷效果。灰尘积聚量过多将使制冷器具内的温度升高，长期持续这种情况会缩短制冷压缩机的使用寿命。

针对冷凝器的各种结构，可以采取多种清洗方法，如用高压空气吹、毛刷清扫、清洗液擦洗（或刷洗）等。

4. 常用的清洗工具

清洗冷凝器常用的工具有：硬毛刷（禁止使用钢丝刷）、抹布、水盆、喷壶，空气压缩机、室内换热器专用清洗消毒剂（或高压惰性气体）等。

技能要求

清洗家用空调器冷凝器和蒸发器外表面污垢

一、操作准备

1. 准备工作场地。
2. 准备使用工具、设备和清洗剂。
3. 检查电源。
4. 准备水源。

二、操作步骤

1. 室外机冷凝器清洗步骤

步骤1　断开空调器的电源，拔下电源插头

步骤2　清理周围环境

清理空调器室外机下方的物品及周围其他影响清洗作业的物品。

步骤3　除浮尘

用硬毛刷清除空调器冷凝器表面上的杂物、灰土。或用高压气体吹除翅片式冷凝器上的灰尘。

步骤4　向冷凝器上喷洒清洗液，并用硬毛刷刷洗

步骤5　用清水冲刷冷凝器，将清洗液冲洗干净

步骤6　用干抹布擦干冷凝器及空调器外壳上的水滴

2. 室内机蒸发器清洗步骤

步骤 1　断开空调器的电源，拔下电源插头（见图 3—5）

图 3—5　拔掉空调器电源

步骤 2　取下过滤网（见图 3—6）

图 3—6　打开外盖取出过滤网

步骤 3　清洗

使用专用消毒清洗剂进行翅片消毒清洗，同时保持室内通风（见图 3—7）。

图 3—7　使用专用消毒清洗剂喷洒蒸发器表面

步骤4 擦除表面的液体，安装清洗后的过滤网，并使外壳复位

步骤5 通电运行

将空调器电源插头插在插座上，通过空调器的线控器或遥控器开机，观察空调器试运行情况。

三、注意事项

1. 禁止带电操作。

2. 禁止使用具有腐蚀性的清洗液。

3. 清洗过程中注意设备的电器件防水防潮。

4. 避免换热器表面的翅片和铜管损坏。

5. 空调器使用期建议每1～2个月清洗一次。

 学习单元2 对电动机及传动装置补加润滑油

 学习目标

➤ 了解家用空调器电动机及传动装置润滑油的种类及其性能

➤ 掌握对家用空调器电动机及传动装置补加润滑油的方法

 知识要求

一、家用空调器电动机及传动装置润滑油的种类及其性能

1. 锂基润滑脂

锂基润滑脂是由天然脂肪酸（硬脂酸或12－羟基硬脂酸）锂皂稠化石油润滑油或合成润滑油制成。而由合成脂肪酸锂皂稠化石油润滑油制成的，称为合成锂基润滑脂。

因锂基润滑脂具有多种优良性能，被广泛地用于飞机、汽车和各种机械设备的轴承润滑。滴点高于180℃，能长期在120℃左右环境下使用。具有良好的机械安定性、化学安定性和低温性，可用在高转速的机械轴承上。具有优良的抗水性，可使用在潮湿和与水接触的机械部件上。锂皂稠化能力较强，在润滑脂中添加极压、

防锈等添加剂后，可制成多效长寿润滑脂，其用途非常广泛。

2. 复合钙基润滑脂

复合钙基润滑脂用脂肪酸钙皂和低分子酸钙盐制成的复合钙皂稠化中等黏度石油润滑油或合成润滑油制成。耐温性好，润滑脂滴点高于 180℃，使用温度可在150℃左右。

具有良好的抗水性、机械安定性和胶体安定性。具有较好的极压性，适用于较高温度和负荷较大的机械轴承润滑。复合钙基润滑脂表面易吸水硬化，影响它的使用性能。

二、对家用空调器电动机及传动装置补加润滑油

1. 清除家用空调器电动机及传动装置中的油垢。

2. 对家用空调器电动机及传动装置补加润滑油。

 ## 技能要求

对家用空调器电动机及传动装置补加润滑油

一、操作准备

1. 准备工作场地，场地要干净。

2. 准备使用工具、设备和润滑油。

常用工具：万用表、电笔、旋具、锤子、方木、铜棒、活扳手、抹布、笔纸刀、扁铲、套筒扳手、汽油、软毛刷、白棉布等。

3. 正常停机，断开空调器电源。

4. 对空调器电动机进行放电操作。

5. 拆解空调器电动机线路。

6. 拆卸空调器电动机叶轮等附件。

二、操作步骤

步骤 1　拆卸室内机风扇电动机

（1）拆除面板

打开面板组件，将面板组件推向左侧（见图 3—8），先把面板左侧和罩壳相连的卡爪从槽中推出，再把右侧卡爪推出，取下面板组件。

图 3—8　拆卸面板

（2）拆卸导风板

如图 3—9 所示，先把导风板中间的支撑推向右侧，使其从接水盘上的导风板支撑里退出来。再把导风板推向一侧，把导风板轴从右侧退出来，取下导风板。

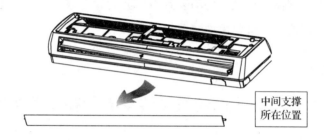

中间支撑
所在位置

图 3—9　拆卸导风板

（3）取下罩壳上面两个螺钉，如图 3—10 所示。

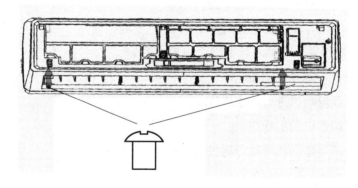

图 3—10　拆卸内机罩壳螺钉

（4）将连接罩壳和骨架的卡扣从槽内退出来，拆下塑料罩壳，如图 3—11 所示。

（5）卸下固定箱体的螺钉，取下箱体，如图 3—12 所示。

（6）将固定电动机压盖的螺钉取下，拿起电动机压盖，如图 3—13 所示。

（7）将连接贯流风扇和电动机的螺钉取下，取下电动机，如图 3—14 所示。

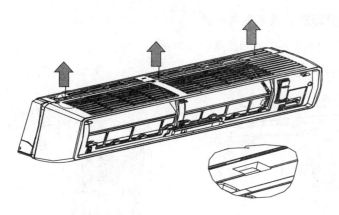

图 3—11　拆卸内机塑料罩壳

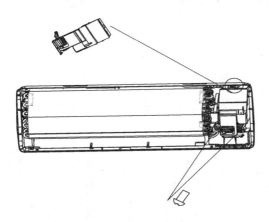

图 3—12　拆卸箱体

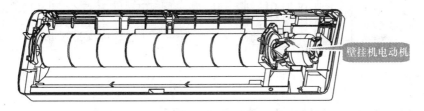

壁挂机电动机

图 3—13　拆卸固定电动机压盖螺钉

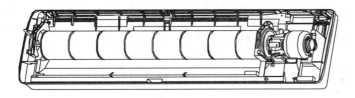

图 3—14　拆卸电动机

153

步骤 **2**　拆卸室外机风扇电动机

（1）拆卸室外机顶盖，如图 3—15 所示。

（2）拆卸前罩壳，如图 3—16 所示。

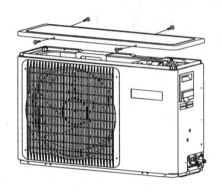

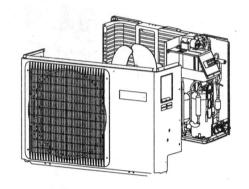

图 3—15　拆卸室外机顶盖　　　　　　　图 3—16　拆卸室外机前罩壳

（3）拆卸固定风扇的螺母，如图 3—17 所示。

（4）卸掉固定风扇电动机的螺母，如图 3—18 所示。

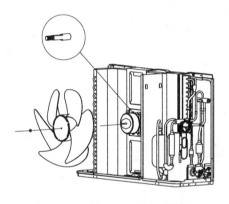

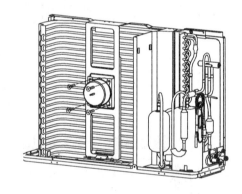

图 3—17　拆卸固定风扇的螺母　　　　　图 3—18　拆卸电动机固定螺母

步骤 **3**　清除电动机轴承及传动装置残留油垢

步骤 **4**　对电动机及传动装置补加润滑油

步骤 **5**　组装空调器电动机及其附件

步骤 **6**　对家用空调器进行试运行

三、注意事项

1. 补加润滑油型号须合适。

2. 保证润滑油质量。

3. 禁止带电操作。

4. 拆解电动机外壳时注意防护电动机线圈。

5. 注意操作人员的安全。

6. 建议每年进行两次润滑维护。

 学习单元 3　修复家用空调器管路的保温层

 学习目标

➢了解家用空调器保温材料的种类及其性能

➢掌握修复家用空调器管路保温层的方法

 知识要求

一、家用空调器管道保温材料的种类及其性能

1. 家用空调器管道保温材料的种类

家用空调器的管道保温主要采用橡塑保温管（见图 3—19），其颜色多为灰白色或黑色。制冷管道、线路最终用白色或黑色包扎带（见图 3—20）缠绕包裹到一起，做到整齐、美观。

图 3—19　空调器管路保温材料

2. 家用空调器保温材料的性能

更换空调器保温材料时，应注意保温层的厚度、密度和韧性。保温层厚度过

薄、保温的密度松软都将导致保温效果差，使用后将导致保温层外侧凝露滴水，末端设备的制冷量或加热量减少，甚至影响设备的正常使用。保温层缺乏韧性、老化，将影响保温层的使用寿命，该现象突出体现在保温层外侧的缠绕带上。

图3—20　空调器冷媒
管道包扎带

3. 家用空调器保温材料厚度的选择方法

确定橡塑保温材料厚度的因素：

（1）环境温度越高，材料越厚。

（2）相对湿度越大，材料越厚。

（3）介质温度越低，材料越厚。

（4）管道直径越大，材料越厚。

二、修复家用空调器管路保温层的方法

1. 清除原有家用空调器损坏的管路保温层的方法

（1）拆除保温层外侧的缠带。

（2）用刀具剖切保温层，以便于拆卸保温层，并保持剩余部分的保温端面整齐。

（3）使用塑料扁铲刮除黏附在制冷管道上的保温层。

2. 修复家用空调器管路保温层的方法

（1）所有的割隙、接头都需用专用胶水粘接密封。

（2）在选择保温修补材的长度时，可以考虑适当放长一点添补保温材（见图3—21），不要取与间隙等长保温材，防止保温材收缩后产生缝隙结露，最好是在保温材与保温材之间涂抹胶水，使修补保温材与本体保温材黏合在一起，再用胶带缠绕包扎。

（3）使用短而硬的毛刷涂刷胶水。

（4）在实际安装中，为防止胶水挥发、凝固，将大罐的倒入小罐中使用，不用时将罐口密封。

（5）两个需粘接端面均需涂刷胶水，涂刷厚度不要太厚。

（6）粘接时只需将粘接口的两表面对准握紧一会儿即可。

（7）使用胶水粘接时需注意胶水的使用温度范围，大多胶水的使用环境温度不低于5℃。

（8）用胶带固定包扎带的末端。

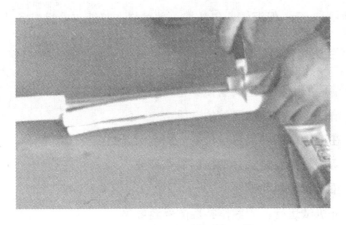

图 3—21　修补冷媒管道保温棉

（9）包扎时不得缠绕过紧，否则会减弱隔热性能。

（10）严禁两根连接铜管用同一根保温套管隔热。

（11）配管必须作隔热处理，全部管道都要用管道包扎带由低向高开始包扎缠绕，包扎带的重叠部分不少于包扎带 1/2 宽度，如图 3—22 所示。

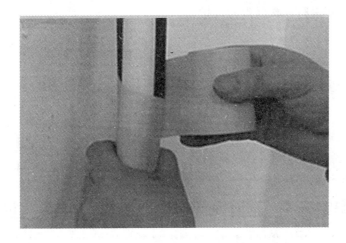

图 3—22　包扎空调器冷媒管道

 **技能要求**

修复家用空调器管路的保温层

一、操作准备

1. 工作场地准备。

2. 准备使用工具：保温棉、包扎带、黏结剂、壁纸刀等材料器具。

二、操作步骤

步骤1 清除原有家用空调器损坏管路的保温层

步骤2 清理需修补保温层处的杂质

步骤3 在清除掉的旧保温层位置及剩余保温端面处涂刷胶水

步骤4 切割新保温层，并粘接到需修补处

步骤5 重新缠绕包扎带

步骤6 开机试运行，观察修补后的保温效果

三、注意事项

1. 保证保温材料质量。

2. 禁止带电操作。

3. 修补高空户外管道保温层时，必须配戴安全装置。

4. 建议每年进行1次保温棉维护。

第3节 其他项目维护

 学习单元1 疏通家用空调器凝水排水管、新风管

 学习目标

➤ 了解家用空调器凝水排水管、新风管的作用

➤ 掌握疏通家用空调器凝水排水管、新风管的方法

 **知识要求**

一、家用空调器凝水排水管、新风管的作用

1. 家用空调器凝水排水管的作用

空调器室内机蒸发器与室内空气进行热交换，冷却室内空气。当空调器蒸发器表面温度低于室内空气露点温度时，空气中所含有的水蒸气就会在蒸发器的翅片表面析出而结露，露珠增大到一定程度会滑落到空调蒸发器翅片下方的接水盘中，从而形成了冷凝水。冷凝水汇流后通过冷凝水排水管排放到室外。

2. 新风管道的作用

新风管道主要应用于家用空调所示全热交换器的进、出风连接，全热交换器工作原理如图 3—23 所示，外观图如 3—24 所示。

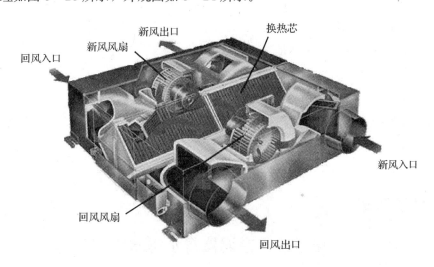

图 3—23　全热交换器工作原理

二、疏通家用空调器凝水排水管、新风管的方法

1. 疏通家用空调器凝水排水管的方法

当排水管出现问题时，空调器室内机就会出现漏水或者报排水故障，当出现空调器内机漏水或排水故障时主要从以下几个方面疏通检查排水管。

（1）室内机安装是否水平。

（2）室内机排水管是否遭到挤压变形。

（3）室内机排水管是否破损断裂。

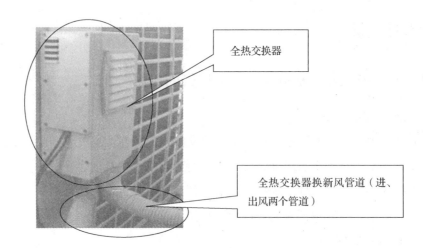

全热交换器

全热交换器换新风管道（进、出风两个管道）

图 3—24　全热交换器

（4）室内机排水管是否从接水盘接口脱落。

（5）排水管出口或入口是否堵塞。

（6）检查排水管倾斜角度是否不够或者弯曲。

（7）查看排水管中间是否有接口，查看接口处是否脱落。

2. 疏通家用空调器新风管的方法

（1）首先检查新风管道所连接的全热交换器接口是否脱落。

（2）其次检查新风管道是否破损或断裂。

（3）最后检查新风管道进、出风口处是否脏堵。

 技能要求 1

疏通家用空调器凝水排水管

一、操作准备

1. 准备工作场地。

2. 准备使用工具、设备或凝水排水管材料。

3. 计算设计凝水排水管相应长度。

4. 检查电源。

5. 准备水源。

二、操作步骤

步骤 1　正常停机，断电

步骤 2　疏通家用空调器凝水排水管

步骤 3　对家用空调器试运行

步骤 4　观察是否有不严密漏水处

三、注意事项

1. 保证家用空调器凝水排水管质量。

2. 注意操作人员的安全。

3. 排水管布置美观。

 技能要求 2

疏通家用空调器新风管

一、操作准备

1. 准备工作场地。

2. 准备使用工具、设备或新风管材料。

3. 计算设计新风管相应长度。

4. 检查电源。

二、操作步骤

步骤 1　正常停机，断电

步骤 2　疏通家用空调器新风管

步骤 3　对家用空调器试运行

步骤 4　观察是否有不严密漏风处

三、注意事项

1. 保证家用空调器新风管质量。

2. 注意操作人员的安全。

3. 双新风管路安装布管走向合理美观。

学习单元 2　清洗家用空调器接水盘

 学习目标

➢了解家用空调器接水盘的结构及其作用
➢掌握清洗家用空调器接水盘的方法

 知识要求

一、家用空调器接水盘的结构及其作用

1. 家用空调器接水盘的结构（见图3—25、图3—26）

图 3—25　柜机接水盘

图 3—26　壁挂机接水盘

2. 家用空调器接水盘的作用

空调器室内机产生冷凝水的原因见本节学习单元 1，蒸发器表面产生的冷凝水滴落到接水盘中，汇集后通过冷凝水排水管排到室外。

二、清洗家用空调器接水盘的方法

清洗空调器接水盘可以采用专用消毒清洗剂（必须保证无毒、无味）或者使用

毛刷和清水清理接水盘内部污垢。

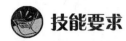 **技能要求**

清洗家用空调器接水盘

一、操作准备

1. 准备工作场地。
2. 准备使用工具、设备和清洗剂。
3. 准备水源。
4. 检查电源。

二、操作步骤

步骤 1　正常停机，断电
步骤 2　拆卸、清洗家用空调器接水盘
步骤 3　对家用空调器试运行
步骤 4　观察是否能正常排水

三、注意事项

1. 接水盘必须装配到位，防止漏水。
2. 接水盘组装后不能破坏室内机冷凝水管的保温材料。
3. 保证室内机接水盘上的排水管接头处密封完好。
4. 保证家用空调器排水正常。
5. 注意操作人员的安全。
6. 建议每年夏天使用之前进行 1～2 次接水盘维护清洗。

 学习单元 3　拆洗家用空调器过滤网

 **学习目标**

➤ 了解家用空调器过滤网的结构及其作用

➢掌握拆洗家用空调器过滤网的方法

 **知识要求**

一、家用空调器过滤网的结构及其作用

1. 家用空调器过滤网的结构（见图3—27）

图3—27　家用空调器过滤网

2. 家用空调器过滤网的作用

过滤网的主要作用是隔尘（见图3—28），防止里面的蒸发器被尘土堵塞，如果蒸发网被堵上是很麻烦的，不易清洗，另外就是防止大一点的物件被吸进风机，造成故障。

图3—28　长时间使用未清洗的空调器过滤网

对于空调内机带光触媒情况（见图3—29），清洗时不要和过滤网一起清洗。正常情况下，多元光触媒应每隔半年从空调器中取出放在阳光下晒6 h然后使用。如果室内空气污染比较严重，如新装修的房间等，可每隔3个月拿到阳光下晒6 h。此外，在晒多元光触媒之前如果发现其表面上积了灰尘，可以用清水适当漂洗（不能用洗涤剂或金属刷搓洗），晒干后其使用效果不变。

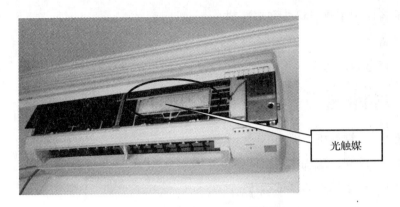

图 3—29　家用空调光触媒

二、家用空调器拆洗过滤网方法

1. 家用空调器过滤网拆卸

拆卸家用空调器室内机的过滤网时，须停止空调器运行，断开空调器的电源，避免维修人员触碰空调器的运转部件，防止发生触电事故。

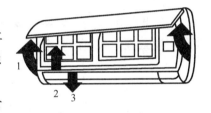

图 3—30　拆卸过滤网

拆卸操作过程如图 3—30 所示。打开或拆下室内机前面板，按住过滤网捏手轻轻向上推，过滤网就会弹起。捏住过滤网捏手，向下拉过滤网，将过滤网从家用空调器的卡槽中取出。其过程如图 3—30 中箭头 1、2、3 所示。

2. 家用空调器过滤网清洗

家用空调器过滤网的清洗方式视过滤网积聚的灰尘量可采用以下方法：用软抹布擦拭干净；用手轻轻拍打；使用吸尘器清扫；使用温开水稀释中性洗涤剂或清水刷洗。

清洗过滤网时：不可使用汽油、抛光粉等挥发性或腐蚀性物质；使用温水，水温控制在 40℃ 以下；禁止带电操作；禁止向室内机上喷水清洗。

 **技能要求**

拆洗家用空调器过滤网

一、操作准备

1. 准备工作场地。

2. 准备使用工具、设备和清洗剂。

3. 准备水源。

4. 检查电源。

二、操作步骤

步骤1 正常停机，断电

步骤2 拆卸、清洗家用空调器过滤网

步骤3 对家用空调器试运行

步骤4 观察是否能正常送风

三、注意事项

1. 保证家用空调器送风正常。

2. 防止清洗过程中造成过滤网破损。

3. 注意操作人员的安全。

第4节 维修准备

 学习单元1 检查家用空调器所需扩管器

 学习目标

➢ 了解家用空调器所需的扩管器规格和性能

➢ 掌握检查扩管器规格和性能是否满足要求的方法

➢ 能正确使用扩管器进行喇叭口制作

 **知识要求**

一、家用空调器所需的扩管器规格和性能

家用空调器所需的扩管器结构如图 3—31 所示。扩管器也被称为扩口器，主要用来制作铜管的喇叭口，用于铜管螺纹连接时的密封接口。有的扩口器配有胀管模具，可以对铜管进行胀管操作。

扩管器由两大部分组成：龙门架和夹具。扩管器的夹具由对称的两半组成，一端由固定销或连接块组成，另一端由固定螺栓、螺帽或定位销衔接。

两半夹具对合后的孔按不同的管径制成螺纹状，以便于夹紧铜管；夹具的一端制成倒角，可以扩出合适的喇叭口。弓形架上有一个锥头，锥度与夹具上的倒角一致。

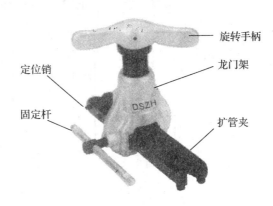

图 3—31 扩管器结构

二、检查扩管器规格和性能是否满足要求的方法

市场上销售使用的扩口器规格和性能只要夹具能满足制作 $\phi6.4\sim19.1\,mm$ 的喇叭口即可。

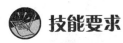 **技能要求**

喇叭口的制作

一、操作准备

1. 准备工作场地。
2. 准备使用工具、量具。
3. 检修家用空调器所需的扩管器。

二、操作步骤

用扩口器进行胀管操作（制作圆柱形口）时，铜管露出夹具表面的高度需略大

于胀头的深度。管径小于 10 mm 铜管露出夹具表面的高度为 6～10 mm，扩管时将与管径对应的模具固定在龙门架上，对好龙门架与夹具的位置，缓慢的旋进螺杆。用扩口器扩喇叭口时，具体步骤如下：

步骤 1　清理铜管端面

用锉刀将铜管端面锉修平整，清除铜管上的杂物，清理铜管端面的铜屑、毛刺。端面倾斜、端面不齐、端面毛刺都属于端面不良的情况，如图 3—32 所示。

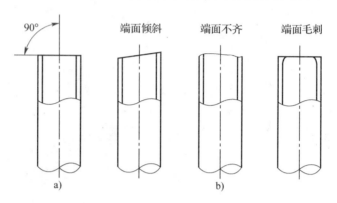

图 3—32　铜管端面良好和不良的对比

a）良好　b）不良

用铰刀清除管子边缘由于切割而产生的毛刺，并用磨光器磨光切割面。消除毛刺和磨光时要注意将管子端头朝下，以免金属屑进入管内而引起脏堵。如图 3—33 所示。

步骤 2　套铜管

选择夹具中合适的管位，向夹具中放入铜管，铜管露出夹具部分应高于夹具表面 1 mm 以下，如图 3—34 所示。

图 3—33　去除铜管切割面的毛刺

图 3—34　扩口器夹具表面到铜管末端的距离

步骤 3　固定夹具

将龙门架的旋转手柄放松旋到最顶部，将固定杆向外旋转，确保龙门架能顺利套接到夹具上。如图 3—35 所示。

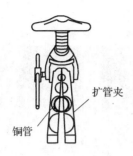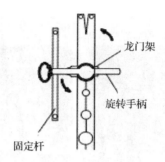

图 3—35　将旋转手柄旋至顶端

　　将龙门架上的定位线或定位销对准夹具上的对应位置，向内旋转固定杆，使龙门架与夹具固定牢固。

步骤 4　扩口

　　顺时针旋转手柄，直到它发出"卡塔"声之后成为空转状态。手柄旋到一定的进度时管口应比较光亮。如图 3—36 所示。

步骤 5　取出铜管

　　将手柄逆时针后退到最顶端，打开固定杆，拉出扩管夹取出铜管，如图 3—37所示。

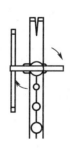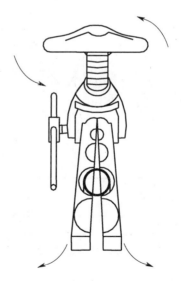

图 3—36　顺时针旋转手柄　　　　图 3—37　逆时针旋转手柄

步骤 6　扩口质量检查

　　如扩口有缺陷，应切除已加工部分，重新进行扩口加工。

（1）外形检查，如图 3—38 所示，左侧为良好的喇叭口，右侧为不良的喇叭口。

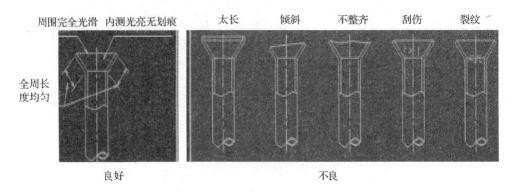

图 3—38　良好喇叭口和不良喇叭口对比

（2）铜管喇叭口扩口尺寸检查，标准喇叭口如图 3—39、表 3—2 所示。

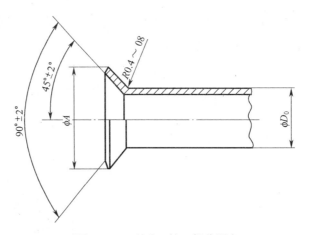

图 3—39　喇叭口扩口部分测定

表 3—2　　　　　　　　　　　　　喇叭口测定参照数值

公称尺寸	外径 D_0（mm）	尺寸 A（mm）	
		R22	R410A
1/4 in	6.35	9.0	9.1
3/8 in	9.52	13.0	13.2
1/2 in	12.7	16.2	16.6
5/8 in	15.88	19.4	19.7

步骤 7　清理扩口器

清除夹具及锥头上黏附的铜屑，保持扩口器的清洁，如图 3—40 所示。

三、注意事项

1. 夹具与龙门架定位前，禁止旋进固定杆。

2. 经常给固定杆、龙门架内轴承、旋柄螺纹涂润滑机油。

3. 喇叭口制作完成后一定要确保其质量完好。

4. 喇叭口连接时必须涂与机组相匹配的冷冻油。

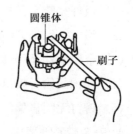

图3—40　清理扩口器锥头

学习单元2　检查安全带的性能

 ## 学习目标

➢ 了解家用空调器安装所需安全带的结构及其性能

➢ 掌握检查安全带性能是否满足要求的方法

➢ 能正确使用安全带

 ## 知识要求

一、家用空调器安装所需安全带的结构及其性能

1. 家用空调器安装所需安全带的结构

高空安全带（见图3—41）是高空作业人员预防高空坠落伤亡的防护用品。由带子、吊绳、金属挂件组成，有的安全带还配有缓冲器、速差式自控器。

2. 家用空调器安装所需安全带的性能

安全带和绳必须用棉纶、维纶、蚕丝料制作。电工围杆可用黄牛带革。金属配件用普通碳钢或铝合金钢材料制成。

图3—41　安全带结构

3. 安全带外观要求

使用安全带前应进行外观检查，检查内容包括：

（1）组件完整、无短缺、无伤残破损。

（2）绳索、编带无脆裂、断股或扭结。

（3）金属配件无裂纹、焊接无缺陷、无严重锈蚀。

（4）挂钩的钩舌咬口平整不错位，保险装置完整可靠。

（5）铆钉无明显偏位，表面平整。

4. 安全带其他要求

（1）金属配件上应打上制造商的代号。

（2）安全绳应加色线代表生产厂家。

（3）带体上应缝上永久字样的商标、合格证等。

二、检查安全带的性能是否满足要求的方法

1. 检查安全带的结构是否完整的方法

安全带的腰带和保险带、绳应有足够的力学强度，材质应有耐磨性，卡环（钩）应具有保险装置。保险带、绳使用长度在 3 m 以上的应加缓冲器。

2. 检查安全带的性能是否满足要求的方法

在使用安全带之前应仔细检查安全带外观是否有破损，各部件是否有松动、脱落的情况，如有则不能使用，检查安全带上是否标有"安鉴 GB 6095—2009"标志，安全带商标上是否有厂家名称、国家质检总局的生产许可证，以及安全带的各项技术参数等标志，如无则安全带不能使用。

 技能要求

检查安全带的性能是否满足要求

一、操作准备

1. 准备工作场地。

2. 准备使用工具。

二、操作步骤

步骤 1 拿出需检查的安全带

步骤 2 检查安全带的结构是否完整

步骤 3 检查安全带的性能是否满足要求

步骤 4 将安全带固定

将安全带的腰带和护带按安全带说明书上的操作方法固定在安装人员身上，注意要保证将卡扣卡紧，防止松动；但也不能卡得太紧，防止坠落时护带对人体的冲击力过大。

三、注意事项

1. 在操作高度高于 1.5 m 时，操作人员必须配戴安全帽、安全绳、安全带，并将安全绳、安全带固定在足够牢固的位置，确保操作人员的安全。

2. 安全绳应高挂低用，防止摆动，不能打结，防止碰撞，3 m 以上的安全绳应加缓冲器。不准将绳打结使用，而应挂在连接环上使用。

第 5 节　电气系统检修

 学习单元 1　家用空调器连接线及端子检查

 学习目标

➤ 了解家用空调器配线选择标准
➤ 掌握家用空调器连接线操作规范

 知识要求

一、家用空调器连接线的安装

1. 电源线及连接线的安装规范要求

（1）电源线及连接线的压线圆环或 U 形接线端不允许剪断。

（2）连接线连接完毕，要进行通检，线色线号必须对应连接，确保压线一定要牢固紧密，U 形端子务必接插到位，不允许有松动现象，压线夹应当固定在连接线的外护套上。正确与错误连接如图 3—42 所示。

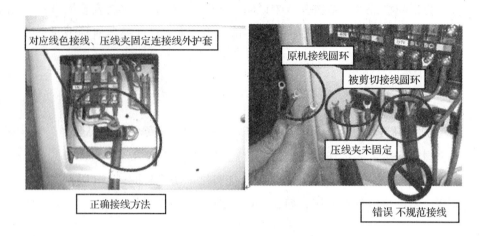

图 3—42　正确接线与不规范接线实例

（3）用户安装空调器的电源插座，必须带有接地线且电源插座的接地线连接牢固，插座的电流容量、结构和插孔尺寸应与待装空调器的电源插头相匹配。

（4）安装 2 匹及以上（或 4 500 W 制冷量以上，空调器单相电源插头的电流容量超过 16 A）的空调时，参照国家标准 GB 17790—2008《家用和类似用途空调器安装规范》或产品说明书的规定要求，应对空调器的电源线路安装专用低压断路器或漏电保护器。

（5）加长线的接头连接操作方法，必须采用相同材料、相同规格，接线采用"十字"缠绕连接法连接牢固后并用焊锡焊接牢固。不允许单股铜芯线与多股铜芯线不同线型、不同规格线材进行连接使用，防止接头处接触不良出现发热、打火、短路起火隐患。

（6）连机线各条线的接头位置必须相互错开大于 10～30 cm（见图 3—43）。连机线一侧进行"S"形弯折（见图 3—44）后进行包扎固定。接头处用防水胶布和电工绝缘胶带包扎，长度不低于 5 cm，如图 3—45 所示。

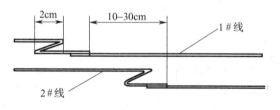

图 3—43　接头错开连接

（7）空调器的电源线火线接 L，零线接 N，接地线（为黄绿双色线）必须与空调器室内外机的金属外壳的统一接地端子进行牢固连接。安装完毕进行通检到位。以防止人身触电、机器漏电和空调器电路短路。

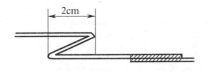

图 3—44　接头处进行"S"形弯折　　　　图 3—45　接头处绝缘处理

（8）用测电仪检测用户家中的电源插座或配电箱的接地线，接地线应与建筑物的接地体连接牢固。接地电阻应小于 4 Ω。

（9）不允许接地线与电源的零线连接在一起，这不符合电工安全操作规范。

（10）空调器应设专用电源线路，接地线不能经过电源开关控制，必须直接与空调器的电源插座或空调器的统一接地线的接线端子连接牢固。插头插座的识别如图 3—46 所示。

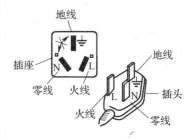

图 3—46　插头与插座 L、N、接地线标示

2. 不规范操作产生的影响

（1）电源线及连接线的压线圆环或 U 形接线端被剪断，很容易产生电源线、连机信号线脱落、短路、漏电，引发触电和起火事故隐患。

（2）压线夹未固定连接线外护套，易产生松脱，形成安全隐患。

（3）大功率柜式空调器的电源供电方式，采用电源插头供电因电流容量小，很容易造成电源插头与插座过电流、发热、电源短路引起火灾事故。

二、合理确定电源线规格

电源线或连机信号线应按照国家标准 GB 4706.32—2004《家用和类似用途电器的安全热泵、空调器和除湿机的特殊要求》中的规定，使用或选择空调器随机出厂配置的电源线或连机信号线。线材规格、颜色应与空调器出厂随机配送

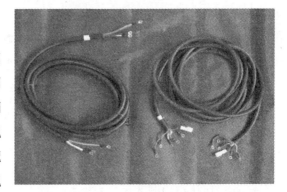

图 3—47　随机附带的连机线

的线材相同，不允许使用比随机配置的连接线细或已老化的电源连接线。通常电源线和连机信号线材料为：氯丁橡胶铜芯软线，如图 3—47 所示。

家用空调器电源线配线规格参照表 3—3。

表 3—3　　　　　　　　　　电源线配线参照表

项目　　　　　　　型号	电源线截面积（mm²）	电闸开关（A）
1～1.6P	1.5	10
1.7～2.5P	2.5	20
2.6～3P	6	30
5P	4	20
3P 辅助电热、10P	8	40
5P 辅助电热	6	30

 技能要求

家用空调器连接线及接线端子检查

一、操作准备

1. 准备工作场地。

2. 准备旋具、斜口钳、万用表、绝缘胶带等工具。

二、操作步骤

步骤 1　关机、切断空调器电源

步骤 2　根据家用空调电器控制接线图检查接线顺序

步骤 3　参照空调器布线规范进行认真检查

步骤 4　发现问题及时按正确规范要求进行改正

步骤 5　整改完问题后进行机器试运转并观察

三、注意事项

1. 注意操作人员的安全。

2. 空调能够进行正常运转。

学习单元 2　检查更换电源熔断器

 学习目标

➢ 了解熔断器的结构及工作原理
➢ 掌握熔断器的检测及更换

 知识要求

一、熔断器结构及工作原理

1. 结构

（1）熔体

熔体又称保险丝，因额定电流等级较多，其既是感测元件，又是执行元件。

（2）熔管

熔管也称为熔座，额定电流等级较少，用于安装熔体，熄灭电弧。

2. 工作原理

熔体与被保护的电路串联。正常时，熔体允许通过一定的电流；当电路发生短路或严重过载时，熔体中流过很大的故障电流，当电流产生的热量达到熔体的熔点时，熔体熔断，切断电路，从而达到保护的目的。

二、常用熔断器类型

1. 插入式

插入式熔断器如图 3—48 所示，常用于 380 V 及以下电压等级的线路末端，为配电支路或电气设备提供短路保护。

2. 螺旋式

螺旋式熔断器如图 3—49 所示，其工作特点是：熔体上的端盖有一个熔断指示器，一旦熔体熔断，指示器马上弹出，可透过瓷帽上的玻璃孔观察到，它常用于机床电气设备控制中。

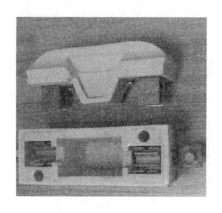

图 3—48　插入式熔断器

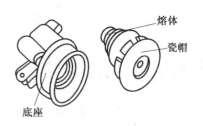

图 3—49　螺旋式熔断器

3. 封闭管式

封闭管式熔断器如图 3—50 所示，分有填料封闭管式熔断器和无填料封闭管式熔断器两种。有填料封闭管式熔断器一般为方形瓷管，内装石英石熔体，分断能力强，用于电压等级 500 V 以下、电流等级 1 kV 以下电路。无填料封闭管式熔断器将熔体装入密封圆筒中，分断能力稍小，用于 500 V 以下，600 A 以下电力网或配电设备中。

在空调器中，为了防止电加热器短路失火，或因卡壳、电容击穿过热而烧毁电动机，专门设置了高灵敏熔断器，它是一次性保护装置，其工作原理是用低熔点的金属丝（板）制成一种感温热棒，并将其密封在装有热敏粒的乙烯塑料管内，外面再套装具有绝缘导热性能的玻璃纤维管，一旦电路过载或过热时，保护器中的热敏粒将温度传给金属丝板，使之受热膨胀熔断，切断电源。保护器熔断后，不能恢复，必须更换。

图 3—50　封闭管式熔断器

4. 快速熔断器

快速熔断器主要用于半导体整流元件或整流装置的短路保护。

5. 自复式熔断器

自复式熔断器采用金属钠作熔体，在常温下具有高电导率。当电路发生短路故障时，短路电流产生高温使钠迅速汽化，气态钠呈现高阻态，从而限制了短路电流；当短路电流消失后，温度下降，金属钠恢复原来的良好导电性能。自复式熔断器只能限制短路电流，不能真正分断电路。其优点是不用更换熔体，能重复使用。

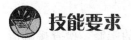 **技能要求**

检查更换电源熔断器

一、操作准备

1. 准备工作场地，场地要干净。

2. 准备万用表、旋具、尖嘴钳等工具。

3. 准备好常用规格的熔断器及熔丝。

二、操作步骤

步骤 1　切断空调器总电源

步骤 2　检查

观察熔断器外观有无机械损坏、变黑或接触不良情况。

步骤 3　阻值测量

如无明显损坏，使用万用表测量熔断器的阻值来判断好坏。

步骤 4　查找原因

判定熔断器损坏时，首先查找原因。

（1）检查熔断器和熔体的额定值与被保护设备是否匹配。

（2）检查熔断器外观有无损伤、变形，瓷绝缘部分有无闪烁放电痕迹。

（3）检查熔断器各触点是否完好，接触是否紧密。

（4）熔断器的熔断信号指示是否正常。

步骤 5　更换熔断器

检查熔断器为何种类型和规格，根据熔断器的类型和规格更换熔断器。

步骤 6　更换后通电试运转

试运转时注意熔断器状态是否正常。

三、注意事项

1. 熔断器禁止带电摘取。

2. 动力负荷大于 60 A，照明或电热负荷（220 V）大于 100 A 时，应采用管式熔断器。

3. 电能表电压回路和电气控制回路应加装控制熔断器。

4. 瓷插式熔断器采用合格的铅合金丝或铜丝，不得用多股熔丝代替一根大的熔丝使用。

5. 熔断器应完整无损，接触应紧密可靠，结合配电装置的维修，检查接触情况及熔体变色、变形、老化情况，必要时更换熔体。

6. 熔断器选好后，还必须检查所选熔断器是否能够保护导线。如果导线截面积过小，应适当加大。

7. 熔管或熔体表面应无损伤、裂纹。

8. 所有熔丝不得随意加粗，或乱用铜铝丝代替。

第 6 节　制 冷 系 统 检 修

 学习单元 1　安装家用空调器

 学习目标

➢ 了解家用空调器安装前的准备

➢ 了解安装家用空调器所需的材料和工具

➢ 掌握家用空调器的安装

 知识要求

一、家用空调器安装前的准备

1. 工具、材料准备

家用空调器安装前需准备的工具及材料见表3—4。

2. 家用空调器购置开箱注意事项

（1）开箱时须检验空调器外包装是否完好；设备规格型号是否与购物单据一致。

（2）开箱后检验空调器外观是否完好，随机文件和附件是否齐全。

表 3—4　　　　　　　　　家用空调器安装所需工具材料

序号	名称	规格	数量	重要程度	图示
1	水钻或冲击钻、加长杆、无尘设备	水钻：配 ϕ63 mm 或 ϕ83 mm 钻头；冲击钻：配 ϕ65 mm 或 ϕ75 mm 钻头	1 套	必备	
2	钻头	ϕ14 mm、ϕ6 mm 或 ϕ8 mm	2 个	必备	
3	一字旋具	100 mm 或 120 mm	1 把	必备	
4	十字旋具	长旋具：120 mm 或 145 mm；短旋具：50 mm	2 把	必备	
5	活扳手	200 mm、300 mm（GB/T 4440—2008）	2 把	必备	
6	呆扳手	12 × 14、14 × 17（GB/T 4393—2008）	2 把	必备	
7	锤子	≥0.5 kg	1 把	必备	
8	尖嘴钳	—	1 把	必备	
9	钢丝钳	150 mm	1 把	必备	
10	扩管器	—	1 套	必备	
11	割管器	—	1 把	必备	
12	锉刀	150 mm 或 200 mm	1 把	必备	
13	内六角扳手	4 mm、5 mm（GB/T 5356—2008）	1 把	必备	

序号	名称	规格	数量	重要程度	图示
14	水平尺	—	1把	必备	
15	油泥刀	—	1把	必备	
16	万用表	—	1个	必备	—
17	验电笔	—	1个	必备	
18	压力表组及接管	2.5级	1个	必备	
19	温度计	—	1个	必备	
20	卷尺	3 m	1个	必备	
21	悬挂式双背安全带	GB 6095—2009	1套	必备	
22	肥皂	—	1块	必备	
23	海绵块	—	1块	必备	
24	垫布、鞋套、抹布	—	1套	必备	
25	铰刀	—	1把	必备	
26	制冷剂钢瓶	—	1台	必备	

续表

序号	名称	规格	数量	重要程度	图示
27	绳索	＞4 m（GB 6095—2009）	1根	必备	
28	电工刀	—	1把	必备	
29	真空泵	—	1台	必备	
30	电子秤	—	1台	必备	
31	安全测电仪	—	1个	必备	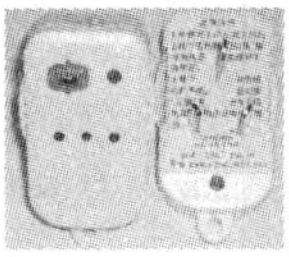
32	绝缘胶布	—	1卷	必备	
33	导水管	—	1根	可选	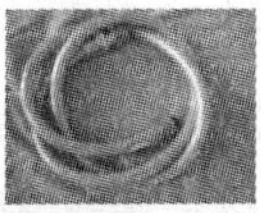
34	焊具、焊条	—	1套	可选	
35	钢锯	—	1把	可选	
36	氮气瓶	—	1瓶	可选	
37	数字式钳形多用表	—	1个	可选	

序号	名称	规格	数量	重要程度	图示
38	手电筒	—	1个	可选	
39	弯管器	—	1个	可选	
40	铜管	9.52 mm、6.35 mm	—	可选备用	
41	电线	1.5mm²、2.5mm²、4mm²、6mm²、8mm²	—	可选备用	
42	保温棉	—	—	备用	
43	包扎带	—	—	必备	

3. 家用空调器搬运时的注意事项

（1）不能倒置或横放，否则会损坏压缩机或使压缩机中的冷冻油流入制冷管路，影响制冷。

（2）运输过程中，要防止磕碰和剧烈震动，防止雨淋水浸。

4. 家用空调器安装位置选择

（1）安装前，安装人员应协助用户选择空调器的安装位置，必要时需咨询用户是否取得了物业管理、房产管理或市政管理部门的同意。

（2）检查安装位置、安装面、安装架等是否符合空调器的安装和使用要求、安全要求及环境要求，是否为最佳安装点。尽量避免空调器受到太阳直射，保证通风良好，不影响其他住户。

（3）在确定室外机位置时除了考虑制冷制热需要，还要遵循配管长度尽可能短、室内机和室外机落差最小，同时空调噪声不影响用户休息的原则。北方宜选阳面，南方宜选阴面。单冷机型应放在阴面。

二、家用空调器安装操作的其他要求

1. 仔细阅读安装、使用说明书，了解待安装空调器的性能、使用方法、安装要求及安装方法。

2. 检查用户的电源、电压、频率、电表容量、接地情况、导线规格、插座、熔断器、保护开关、漏电保护器等是否满足空调器使用要求。

3. 空调器的安装应使用随机附件，安装人员不得随意更换、改造、省略。

4. 根据空调器的形式选择合理的安装方法，并将安装架与安装面牢固连接，施工时不得破坏建筑物的安全结构。

5. 安装人员必须佩戴好安全带，保证自身安全及其他人员安全。

6. 按照空调器的使用说明书将空调器固定牢固，并保证通风良好。

7. 制冷管路连接时禁止带入水、灰尘等异物。并将管道内空气排空，确保管道干燥、清洁，保证制冷系统密封良好。

8. 将电器件的盖子固定好，防止漏水、漏电。

9. 管线穿墙孔应封堵良好，防止漏水、吹进灰尘及杂物等。

10. 将减震胶垫套在外机底脚上，将排水弯头和排水软管装在外机底部。

11. 将室外机小心搬出室外放在支架上，并用四个直径 10 mm 的底脚螺栓固定牢固。

12. 二楼以上户外作业安装人员必须系安全带，室外机也必须用绳索捆住后再放到室外。

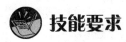 **技能要求**

安装家用空调器

一、操作准备

1. 准备工作场地。

2. 准备使用工具、设备。

3. 需安装的空调器具室外机、室内机及相应的管件、辅料。

二、操作步骤

1. 室外机安装程序

步骤 1　现场调查

现场要根据实际情况和用户的要求，结合空调技术要求（主要考虑配管长度和内外机高落差以及噪声问题）设计安装方案。

步骤2 确定室内机和室外机的安装位置

根据实际情况确定室内机和室外机的安装位置。

步骤3 组装安装支架

按安装架装配说明，组装安装架，如图3—51所示。

步骤4 固定安装架

把安装架固定在确定好的室外机安装墙面。使用水平仪和卷尺，在墙壁上找出固定孔位置，固定的膨胀螺栓不少于4个；安装架必须水平；左右的孔距必须与空调底座孔距一致，如图3—52所示。

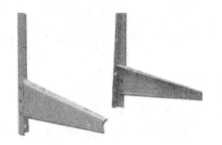 

图3—51 安装架组装　　　　　　　　图3—52 安装架固定

步骤5 固定室外机

把室外机组放置在安装架上，并固定外机底盘的四个底脚，如图3—53所示。室外机搬运、吊装时要用绳束捆绑，防止跌落。

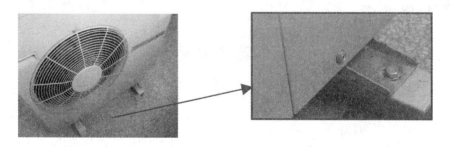

图3—53 固定室外机

2. 室内机安装程序

步骤1 检查

准备好安装材料，整理好随机附件，落实齐全。检查室内机经运输后的内部与外观有无破损或异常现象。确定安装位置。

步骤 2　机器准备

安装前必须单独通电试机，观察各部件运转是否运转良好。挂机根据左或右出管方向，用锯条去掉后骨架上的接管盖（见图 3—54）。柜机根据出管方向，用锤子去掉室内机的左、右或后的接管盖并套上橡胶护圈。打开进风栅，取下压线盖，将连机线对照线色插好并用螺钉压紧。

接管盖（两侧各一个）

图 3—54　根据出管方向确定要去除的接管盖

步骤 3　固定挂墙板

根据选择的室内机安装位置和管路走向固定挂墙板（或柜式室内机位置）。

首先用一个钢钉将挂墙板上部中间位置固定在墙面上，用水平仪找出水平，如图 3—55 所示，然后在中心位置固定一个钢钉，再将挂墙板四个角用钢钉固定牢固。

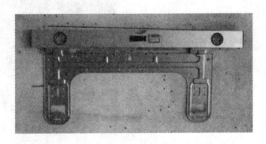

图 3—55　固定壁挂机室内机挂墙板

步骤 4　打孔

根据挂墙板或柜机出管的位置选择穿墙孔的位置，壁挂机穿墙孔位置的确定如图 3—56。然后使用无尘工具，按集污器（无尘工具）的使用说明书操作要求，固定在打孔位置上，用钻机打一个直径为 65～80 mm 的孔（柜机需要打 60 mm×100 mm 的椭圆套孔），保证顺利穿管。室内机须略高于穿墙孔，同时保证穿墙孔角度由室内机向外、向下倾斜。墙孔室内外高度差应大于 50 mm。

用冲击钻打孔时（见图 3—57），必须使用无尘工具并采取防尘措施；打孔前应将附近的物品、电器搬走并用专用盖布盖在其上面接住灰尘。

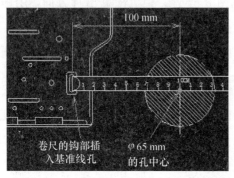
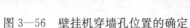

图 3—56　壁挂机穿墙孔位置的确定

图 3—57　预制穿墙孔

必须使用墙孔套筒以便于保护管路，如图 3—58 所示。

步骤 5　固定室内机

将室内机"挂"在挂墙板的止扣上，左右移动一下机体，检查其固定是否牢固（见图 3—59）。柜机室内机就位后，应用随机附件中的防倒零件将其固定，如图 3—60 所示。

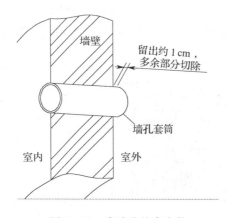

图 3—58　穿墙孔护套安装

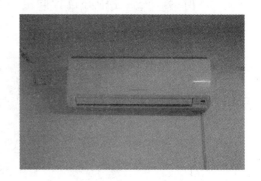

图 3—59　固定好的壁挂机

3. 连接管路

（1）冷凝排水管连接

1）排水软管必须在制冷剂管道的下方。

2）排水管不得有隆起、盘曲或折瘪现象。

3）不要拉着排水软管进行包扎。

4）通过室内的排水软管，须用隔热材料缠绕包扎。

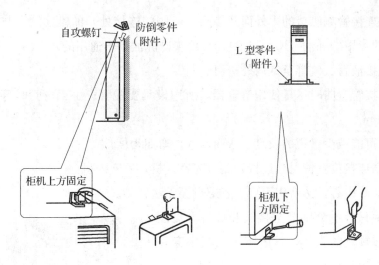

图 3—60   柜机的固定

5）管路必须通过室内机背面时，必须用毛毡胶带包裹配管、排水软管，如图 3—61 所示。

6）排水管道需要接长时，接头处必须确保密封，防止渗、漏水。

7）从室内到室外，排水管道须保持一定的向下的斜度，如图 3—62 所示。

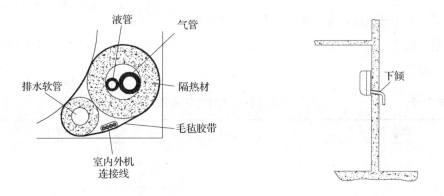

图 3—61   包扎冷媒配管、排水管   图 3—62   保持倾斜的冷凝排水管

（2）冷媒管道连接

冷媒管道施工应遵循：清洁（防止灰尘、铜屑等杂质进入管道）、干燥（防止水分进入，避开雨天安装；安装连接完管路必须排空管道内的空气）、气密（防止冷媒泄漏）三原则。

1）如果空调器附带连接管，将附件箱中的连接管组件取出，小心地展开，注意用力均匀，防止其变形。如空调器不带连接管，需要现场配制。

2）注意清洁，防止灰尘、水分等进入连接管内。

3）在连接管喇叭口的内外面及接头（或阀门连接处）的锥面涂上与空调器冷媒相匹配的专用冷冻油（R22 与 R410A 冷媒冷冻油是不通用的）。

4）连接液管、气管至室内外机组。

5）连接管弯曲时尽量使用弯管器，所用模具要配套；手工弯管时弯曲半径不小于 100 mm。

6）尽可能减少管道的长度、弯曲次数、弯曲程度。

①根据连接位置情况，连接管路。先室内机，后室外机。

②先对准中心，然后用手旋上管螺母至无法转动。

③用两只扳手分别套上接头和螺母（见图 3—63）。按规定的力矩，拧紧螺母（其中套在螺母上的扳手为扭矩扳手），不可过分用力。

7）排除空气。R22 冷媒可以采用排空法排除管道内的空气，R407（R410A）冷媒必须使用真空泵进行抽空处理。

取下室外机二通阀阀帽，将粗管上的连接帽松动 1~3 圈。用内六角扳手拧松二通阀阀芯 90°，排气时间见表 3—5，排气结束后拧紧气管连接帽，关紧二通阀，进行一次"检漏"工序（不开机状态）。将二通阀上阀帽及充气阀帽拧紧。

图 3—63　双扳手紧固连机管

表 3—5　　　　　　　　不同管径排气时间参照表

气管直径（mm）	内气排空时间（s）	外气排空时间（s）
9.52	5	15
12.70	10	20
15.88	15	25

8）抽空。用内六角扳手按逆时针方向将二、三通阀打开，如图 3—64 所示。

如果冷媒为 R407C 或 R410A 冷媒，必须使用带有止回阀的真空泵进行真空处理。用真空表检测达到 －76 cmHg（－0.010 132 5 MPa）以后，继续抽真空 15 min；然后放置 5 min 左右，确认真空度没有下降，如图 3—65 所示。

4. 冷媒追加

根据所安装空调的安装说明进行冷媒量追加计算，当空调系统使用 R407（或 R410A）冷媒时，必须加注液体冷媒。

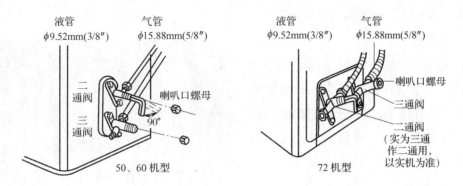

图 3—64　R22 冷媒排空操作示意图

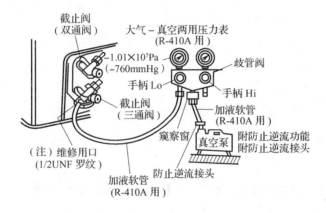

图 3—65　R410A 冷媒系统抽空操作示意

5. 检漏

用海绵块蘸上肥皂水或用检漏仪（见图 3—66）检查内外机的各个接口及检修阀，每处停留不得少于 1 min。

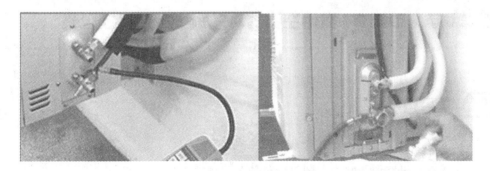

图 3—66　空调连接管检漏

6. 修补管道穿墙孔

用和好的石膏或随机带的油灰将内外墙的孔堵好，防止雨水和风进入室内，并使其保持美观，如图 3—67 所示。

7. 接线

接线必须按照室内外机组端子排上的标记正确连接；室内外机组配线中间不得有接头；严禁配线接触配管；拧紧端子螺钉后，须确认导线是否能拉动；一定要固定好导线固定夹。

8. 试运行

空调器安装完毕后应按照使用说明书操作运行，试运行时间不少于

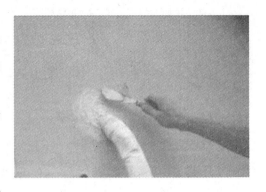

图 3—67　修补管道穿墙孔

30 min。空调器试运行稳定后应检查空调器是否能实现使用说明书中列出的功能，必要时可检测空调器送回风温度、运行电流等性能参数。

三、注意事项

1. 空调器不允许在雨天及风雪天进行安装，除非已采取措施确保安装工作不受其影响。

2. 合理布置空调器排水管及弯头，确保不滴水，保证冷凝水排水通畅，且排水对建筑物不造成危害。

3. 管线安装、布局、走向应合理；电器连接应安全、正确；机械连接应牢固、可靠。

 学习单元2　家用空调器制冷系统运行参数观察

 **学习目标**

➤ 了解组成家用空调器制冷系统的主要元部件

➤ 掌握家用空调器制冷、制热运行的测试运行

知识要求

一、家用空调器的工作原理

首先，低压的气态制冷剂被吸入压缩机被压缩成高温高压的气态制冷剂。而后，高温高压的气态制冷剂流到室外的冷凝器中，在向室外散热过程中，逐渐冷凝成高压液态制冷剂，再通过节流装置降压（同时也降温）变为低温低压的制冷剂气液混合物。制冷剂气液混合物进入室内的蒸发器，通过吸收室内空气中的热量而不断汽化，这样，房间的温度降低了，制冷剂又变成了低压气体，重新进入压缩机。如此循环往复，空调器连续不断地进行制冷工作。

二、家用空调器制冷系统的构成

家用空调器制冷系统主要有四个组成部分，包括压缩机、冷凝器、节流装置和蒸发器，如图 3—68 所示。

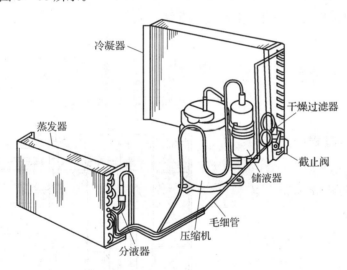

图 3—68　家用空调器制冷系统的构成

1. 压缩机的分类及工作原理

压缩机是家用空调器制冷系统的动力核心，通过它把吸入的低温低压制冷剂蒸气变成高温高压蒸气，并通过热功转换达到制冷的目的。根据压缩机的转速不同可以分为定转速压缩机和变频控制压缩机；根据结构分为开启式、半封闭式、全封闭式压缩机；根据压缩机的工作原理，可分为容积型和速度型两类。

家用空调器常用的压缩机主要为容积型压缩器。容积型压缩机又可分为：往复式压缩机、旋转式压缩机、涡旋式压缩机。

（1）往复式压缩机

往复式压缩机的工作原理如图3—69所示，当曲轴旋转时，通过连杆的传动，使活塞做往复运动，由气缸内壁、气缸盖和活塞顶面所构成的工作容积则会发生周期性变化。活塞从气缸盖处开始运动时，气缸内的工作容积逐渐增大，这时，气体即沿着进气管，推开进气阀而进入气缸，直到工作容积变到最大时为止，进气阀关闭；活塞反

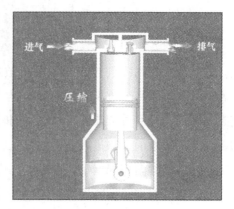

图3—69　往复式压缩机的工作原理

向运动时，气缸内工作容积缩小，气体压力升高，当气缸内压力达到并略高于排气压力时，排气阀打开，气体排出气缸，直到活塞运动到极限位置为止，排气阀关闭。当活塞再次反向运动时，上述过程重复出现。曲轴旋转一周，活塞往复一次，气缸内相继实现进气、压缩、排气的过程，即完成一个工作循环。

往复式压缩机的优点主要表现在运转过程中受力均匀、噪声低。

（2）旋转式压缩机（又称滚动活塞式）

旋转式压缩机的结构如图3—70所示，工作原理如图3—71所示：活塞绕气缸内壁滚动一周时，气缸内便进行吸气、压缩与排气一次。其工作情况及顺序如下，以活塞在图3—71中①为起点来介绍。

当活塞处在图3—71中

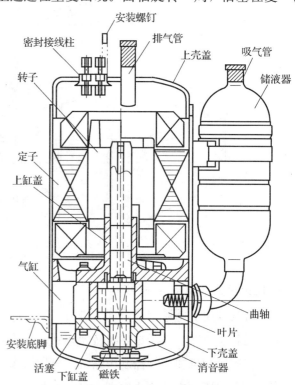

图3—70　旋转式压缩机结构

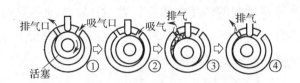

图 3—71　旋转式压缩机工作原理

①的位置时，整个气缸形成一个完整的月牙形的工作容积，这时吸气已结束，月牙形容积内充满气体，所以它不吸气也不压缩。

当活塞开始顺时针沿气缸壁滚动 1/4 （90°）转，至如图 3—71 中②的位置时，叶片将月牙形容积分为两部分，即吸气腔与排气腔，这时排气腔内气体受到压缩，吸气腔内已有气体进入，吸气已开始。

当活塞继续滚动到 1/2 （180°）转，至如图 3—71 中③的位置时，吸气腔不断扩大，继续吸入气体，而压缩腔不断缩小，其压力不断升高；当其压力升高到稍高于气缸外（壳体内）压力时，并且气体克服了排气阀片弹力及惯性力而打开阀片，开始排气。这时吸气与排气同时进行。

当活塞滚动到 3/4 （270°）转时，吸、排气还在继续进行，但已近结束阶段。当活塞滚动到一周（360°）转时，气缸的吸、排气结束，将进行第二周运行。

旋转式压缩机与往复式压缩机相比较，具有制冷效率高、可靠性好、体积小、质量轻、零部件数量少，有利于大批量生产等特点。并且有运转平稳、噪声低、振动小等优点。主要应用于 2.5 P 以下的空调。

（3）涡旋式压缩机

涡旋压缩机的结构如图 3—72 所示，由涡旋盘（动盘）、固定盘（静盘）、机体、防自转环、偏心轴等零部件组成。其工作原理如图 3—73 所示，动盘和静盘相对旋转，形成若干个封闭气室。涡旋转子由一个偏心距离很小的偏心轴带动，绕涡旋定子中心以一定半径作公转运动。每转动一个角度，月牙形压缩室的工作容积被连续压缩一次。图 3—73a 中月牙形容积最大，图 3—73b 中被压缩变小，图 3—73c 中继续压缩变小，图 3—73d 中气体被压缩到一定压力后，从中心排气口排出，恢复到图 3—73a 所示位置，重新开始下一个循环周期。涡旋式压缩机具有噪声低、效率高的优点。

2. 蒸发器和冷凝器

蒸发器和冷凝器统称为换热器。蒸发器的作用是使制冷剂液体汽化蒸发，从外界吸收热量，从而达到制冷的目的；冷凝器是为了向外散热，使制冷剂降温液化。对于单冷型空调而言，室内机交换器为蒸发器，室外交换器为冷凝器。热泵型空调室内机和室外机换热器所起的作用会因空调器工作模式的不同而有所不同。制冷时，室内机换热器为蒸发器，室外机换热器为冷凝器；制热时，室内机换热器相当于冷凝器，室外机换热器为蒸发器。

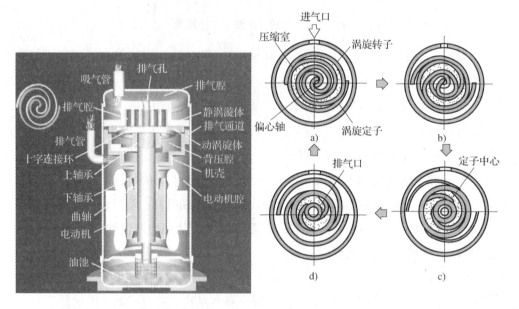

图3—72　涡旋压缩机的结构图　　　　图3—73　涡旋压缩机的工作原理

家用空调器室外、室内换热器大多采用翅片盘管式结构（见图3—74和图3—75）。为了提高换热效率，铝箔翅片通常被冲压成各种形状，来增加换热面积。

图3—74　室外机换热器　　　　　　　图3—75　室内机换热器

（1）蒸发器

蒸发器是制冷循环中直接制冷的部件。制冷剂液体经毛细管节流后进入蒸发器中的蛇形铜管内，管外是风机强迫流动的空气。压缩机制冷工作时，吸收室内空气中的热量，使液体制冷剂蒸发为气体，从而使房间温度变低。同时还能将蒸发器周围流动的空气冷却到露点温度以下，达到除去空气中水分的目的。

（2）冷凝器

冷凝器是将压缩机送出的高温、高压制冷剂气体冷却为液体。冷凝器结构和蒸发器结构基本相同。压缩机工作时排出的高温高压制冷剂气体从冷凝器进气口进入多排并行的冷凝器管后，通过管外的翅片和外风机的强迫流动向空气散热，在管内由气态逐步变化为液态（高温、高压）。

3. 节流装置

节流装置是制冷循环系统中用于调节制冷剂流量的元件。高温高压液态的制冷剂从冷凝器流出时，经过节流装置减压降温后再送入蒸发器，使制冷剂达到所需的蒸发温度。

空调器系统中，制冷剂需要保持一定的冷凝压力和蒸发压力，以便释放、吸收热量，实现制冷循环。节流装置通过控制制冷剂的流量来保持一定的冷凝、蒸发压力。不同规格和制冷量的空调器，采用的节流装置也不相同。

空调器中的节流装置主要包括毛细管（见图 3—76）、电子膨胀阀（见图 3—77）、热力膨胀阀（见图 3—78）三种。在家用空调器制冷系统里，主要使用的是毛细管，大型的空调器一般采用电子膨胀阀或热力膨胀阀控制制冷剂流量。

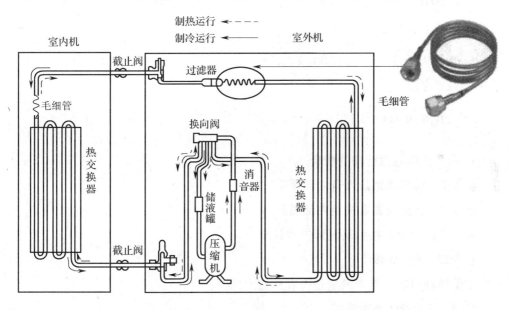

图 3—76　毛细管在家用空调系统中的应用

毛细管是采用内径 1 mm 以下细长的铜管材料制成，连接于蒸发器和冷凝器之间。毛细管长度越长流量越小，其主要作用是降低制冷剂的温度和压力，调节进入蒸发器制冷的流量。压缩机停止工作时，能通过毛细管平衡高压和低压部分的压力。其缺点是调节能力差，不能随制冷系统负荷的变换而调节流量。

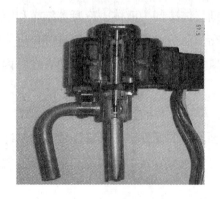

图 3—77 电子膨胀阀

图 3—78 热力膨胀阀

 技能要求

家用空调器制冷系统运行参数观察

一、操作准备

1. 准备工作场地。

2. 准备所需的工具、仪器和仪表。

3. 检查电源。

二、操作步骤

1. 家用空调器运行前的检查

步骤 1 检查机组是否有内部破损

步骤 2 检查空调器机组内部线路

内部线路不应该接触高温部位或排水管。

步骤 3 检查风扇

用手转动风扇，检查风扇是否有异物阻挡。

步骤 4 检查线路的连接

对照机组线路图确认线路是否连接正确，是否存在松动。

步骤 5 检查绝缘电阻

空调器电气部件绝缘与大地绝缘电阻应在 1 MΩ。

步骤 6 确认室外机截止阀已经开启

步骤 7　检查制冷系统

检查制冷系统是否存在制冷剂及油的泄漏情况。重点检查扩口、接头处。

步骤 8　检查电源电压

接通电源开关，检查电源电压（电压波动范围必须在额定电压的 $1\pm10\%$ 以内）。

2. 运行测试

步骤 1　检查风扇转动方向

步骤 2　检查不正常的振动噪声

步骤 3　检查空调工作电压

电压波动范围必须在额定电压的 $\pm10\%$ 以内。

步骤 4　测试空调器所具有的功能

常见功能包括：高、中、低风速；工作模式设定；辅助电加热功能（制热模式状态下检测）；温度设定等。

步骤 5　测试运行压力

机组工作 30 min 以后再进行测试，运行压力参考数据：R22 冷媒吸气压力（低压）范围 $0.35\sim0.75$ MPa；排气压力（高压）范围 $1.2\sim2.6$ MPa。

步骤 6　检测空调器室内机进、出风温度

制冷时空调器室内机出风口 $3\sim5$ cm 位置的温度为 $12\sim16$℃，进出风温差为 $8\sim14$℃，应不低于 8℃。如果温差过大，原因可能包括室内气流短路、制冷剂过多或过少、室内机过滤网脏堵等。制热时空调器室内机进出风口 $3\sim5$ cm 位置的温度为 $36\sim45$℃，室内机进、出风温差应该大于 14℃（在机组工作 30 min 以后进行测量）。

3. 记录分析运行参数

根据运行参数最终判断制冷系统是否正常。

三、注意事项

1. 正常启动家用空调器。

2. 家用空调器室内机运行正常。

3. 检查家用空调器运行参数时，必须在空调器运行 30 min 左右以后进行。

4. 注意操作人员的安全。

第7节 交付使用

 学习单元1 家用空调器维修、维护情况说明

 学习目标

➢ 能准确描述维修、维护的内容

➢ 能针对出现的维修、维护问题告诉顾客使用中的注意事项

 知识要求

一、一般家用空调器维修、维护的内容

1. 冷凝水管的维护、维修。

2. 接水盘的维护（主要是清洗接水盘）。

3. 冷凝器、蒸发器的维护（主要是冷凝器、蒸发器的清洗）。

4. 冷媒管道和冷凝水管道保温棉的维护（主要是修复破损的保温棉）。

5. 空调器连接线松动检查维护。

二、家用空调器维修、维护的方法

家用空调器维修、维护的方法一般可分为以下5个步骤。

1. 望

检查空调器的运转状况，包括：空调器系统部件振动的状况；蒸发器结露是否均匀；低压回气管上结露是否均匀；制冷管道外壁是否有油迹，如果出现油迹，就表示这点有泄漏的状况；电气线路是否断开，接插件有无脱落，熔断器有无烧断，发热零件表面有无烧焦变色；各个连接件、紧固件有无松动、脱落、锈蚀等情况。

2. 闻

通过听来区别正常和故障的声音包括：是否存在空调器管路碰撞的声音；内、外风机电动机噪声运转是否正常，同时检查是否有空调风叶碰触空调外壳的异响。

3. 问

通过现场与顾客交流，询问使用过程中出现的故障现象，以便能准确快捷地做出判断，解决问题。

4. 切

借助钳形表、兆欧表、万用温度计、压力表等专业检测仪表，检侧空调器的运行参数。用电流表测量总电流，若小于额定电流，很有可能是制冷剂不足；用兆欧表检查电气部件的绝缘，可检查出损坏的零件；用万用表可检查出电容器是断路还是短路；用温度计可测量进风口与出风口的温差，这是判断空调器制冷或制热是否正常的最确切的方法。

5. 诊断

把以上所有方法检得到的结果进行分析，可以简单推测故障的部位和原因，并由空调器的结构原理去推测消除故障的方法与措施。

三、家用空调器保修期的规定

根据国家家电新三包实施细则中对保修事项的规定，家用空调器的保修时间见表 3—6。

表 3—6　　　　　　　　　　　家用空调器的保修时间

产品	整机	主要部件		备注
	国家规定	计算机板、传感器换向阀、风机电动机、蒸发器、冷凝器、内外机管路系统件（不包括连机管）、内外机主控板（显示板）	国家规定	
家用空调	1.5 年		3 年	具体保修期，可参阅各品牌产品当年的售后服务政策

三包有效期自开具发票之日起计算。国家规定如果没有发票和保修卡，应该从出厂日期往后推 1 个月开始计算保修期。

 **技能要求**

家用空调器维修、维护情况说明

一、操作准备

1. 准备工作场地。

2. 准备工具、仪器仪表。

3. 准备电源。

二、操作步骤

步骤1 通过与顾客交流，初步了解空调器使用过程中遇到的问题

步骤2 对顾客描述的问题进行确认和初步的原因分析

步骤3 属于空调器系统方面的故障，需启动家用空调器

步骤4 待家用空调器运行后，进一步分析故障原因，查找故障根源

步骤5 根据确定的故障原因，进行故障修复或维护

步骤6 重新观察家用空调器的运行状况

步骤7 家用空调器维修、维护结束后，向顾客说明故障原因所在，以及使用时应该注意的事项

三、注意事项

如果故障为使用者操作不当或维护不当造成的，应该告诉使用者在后期使用过程中如何进行正确的操作和维护。

 学习单元2 家用空调器维护、维修费用

 **学习目标**

➢ 了解家用空调器维护、维修各项费用组成

➢ 掌握填报家用空调器维护、维修各项费用的方法

家用空调器维护、维修费用的收取应参照《家用电器维修服务明码标价规定》。各个品牌的空调器都在该规定基础上制定了自己的收费标准和计算方法，依据具体空调器品牌的情况执行。

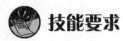 **技能要求**

填报家用空调器维护、维修费用

一、操作准备

1. 收费明细。

2. 收费标准。

3. 正式发票。

二、操作步骤

步骤 1　向顾客出示服务项目，包括检查费、修理费、上门服务费等；修理辅料、零配件的品名、产地（国产标省名，进口标国名）、规格等

步骤 2　向顾客出示收费标准

步骤 3　用户确认签字

三、注意事项

1. 家用空调器品牌明确规定收费标准的，可参照家用空调器厂家收费标准执行。无家用空调器品牌明确收费标准的，参照家用电器维修服务明码标价的规定执行。

2. 不得欺诈顾客。

3. 提供正规的发票给用户。

 学习单元 3　家用空调器的正确使用方法及注意事项

 **学习目标**

➢ 了解家用空调器正确使用的注意事项

➤掌握家用空调器的正确使用方法

 **知识要求**

一、家用空调器正确使用方法

空调器作为一种耐用消费品，正确地使用和保养对于充分发挥其功能，延长其使用寿命有很大作用，作为维修者，应会正确使用和操作空调器，并将此知识传达给用户。

使用前，要详细阅读产品说明书和使用手册，充分了解产品性能，熟悉、掌握遥控器或显示屏上每个操作键的功能及操作方法。

空调器常用功能包括：制冷、制热和除湿。下面以遥控器操作为例，介绍各功能的使用方法。

1. 制冷运行操作方法

（1）接通空调器电源。

（2）开机（按遥控器"开/关"键一次）。

（3）按"模式"键，选择"雪花"或"制冷"。

（4）温度调节（按温度"上升▲"或"下降▼"键，推荐节能、舒适温度24～28℃）。

（5）风速调节（按"风速"键，推荐合理风速为："自动"或"中风"）。

（6）室内机风向调节（按风向"上下"和"左右"键）。

（7）关机（按遥控器"开/关"键一次）。

2. 制热运行操作方法

（1）接通空调器电源。

（2）开机（按遥控器"开/关"键一次）。

（3）按"模式"键，选择"太阳"或"制热"。

（4）温度调节（按温度"上升▲"或"下降▼"键，推荐节能、舒适温度18～22℃）。

（5）风速调节（按"风速"键，推荐合理风速为："自动"或"中风"）。

（6）室内机风向调节（按风向"上下"和"左右"键，建议制冷运行导风板角度向下送风）。

（7）关机（按遥控器"开/关"键一次）。

3. 除湿运行操作方法

（1）接通空调器电源。

（2）开机（按遥控器上的"开/关"键一次）。

（3）按"模式"键，选择"水滴"或"除湿"。

（4）温度调节（按温度"上升▲"或"下降▼"键，推荐节能、舒适温度 24～28℃）。

（5）风速调节（按"风速"键，推荐合理风速为："自动"或"中风"）。

（6）室内机风向调节（按风向"上下"和"左右"键）。

（7）关机（按遥控器上的"开/关"键一次）。

二、家用空调器使用注意事项

1. 长时间未使用，初次开机应检查室内、室外机是否有影响机器出风换热的障碍物。

2. 夏季使用时，为防止空调器开机时室内机出风口吹出异味，应在停机前将空调器运行送风模式 1～3 min，通过送风模式运转可以去除蒸发器表面水分，防止换热器表面脏污发霉。

3. 冬季使用时，空调器室外机结霜和出现雾气是正常情况，因为冬天气温低，如果室外湿度大就会使室外机换热表面结霜，当达到一定程度时，空调器室外机就会进行自动化霜运转。化霜时空调器室内机会出现制热效果下降的现象。

4. 使用过程中，温度的调节要适宜。温度设定太高，达不到舒适的温度；温度设定太低，与环境温差太大，会造成人体的不适，且增大耗电量，造成浪费。

5. 使用过程中，风速、风向的调节要合理，避免长时间直吹固定位置的人员。要定时开门（窗）通风，确保室内有足够的氧气，以免"空调病"的发生。

6. 按照使用说明书的要求定期清洗过滤网，保证空气质量。

7. 空调器关机时，使用控制器进行操作，勿通过断电来关机。

8. 空调器长时间不用，应断开电源。将遥控器内电池取出；当遥控器显示字符暗淡或无显示时，应及时更换电池。

第4章

家用电动电热器具维修

第1节 维护电气系统

 学习单元1 紧固家用电动电热器具接线端子

 学习目标

➤ 了解接线端子的应用及常见的故障

➤ 能紧固家用电动电热器具接线端子

 知识要求

一、接线端子的应用

接线端子是用来与外部电路进行电气连接的导电部分，它其实是一段封在绝缘塑料里面的金属片，两端都有孔可以插入导线，有的用螺钉紧固或者松开。如两根导线，有时需要连接，有时又需要断开，这时就可以用端子把它们连接起来，并且可以随时断开，不必把它们焊接起来或者缠绕在一起。各种接线端子均需要具有一定的压接面积，是为了保证可靠接触，以保证能通过足够的电流。

在家用电动电热器具上的电气线路中应用较多的有压接端子（Y型、环型）和插拔式接线端子（见图4—1）。插拔式系列接线端子由两部分插拔连接而成，插头部分将线压紧，插座部分焊接在PCB板上。端两侧可加装配耳，装配耳在很大程度上可以保护接片并且可以防止接片排列位置不佳，同时这种插座设计可保证插头能正确地插进母体。插头也可以有装配扣位和锁定扣位。装配扣位可以将插座更加稳固地固定到PCB板上，锁定扣位可以在安装完成后锁定母体和插头。

  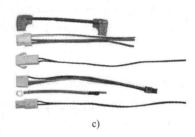

a)　　　　　　　　　　b)　　　　　　　　　　c)

图4—1　常见接线端子

a）压接式端子排座　b）压接式端子（接线耳）　c）插拔式端子

插拔式端子一般用在控制电路的变频、数控面板、传感器、PLC、仪器仪表等的连接处。以上这些连接对插拔式端子的共同要求是：插拔力要平稳，接触电阻要小，要能满足一定的寿命和疲劳度要求，对五金弹片材料的要求较高。

二、导线与接线端子的连接方法

在家用电器的维修中，经常需要对机器进行接线操作，尤其是压接端子与导线的连接。不正确的接线方式容易导致电路连接中断或短路、漏电等安全隐患。压接式接线常用接线端子有柱形端子和螺钉端子两种，各种接线端子与导线的连接方式如下。

1. 导线与接线端子连接的基本要求

（1）多股线芯的线头，应先进一步绞紧，然后再与接线端子连接。

（2）需分清相位的接线端子，必须先理清导线相序，然后方可连接。单相电路必须分清相线和中性线，并应按电气装置的要求进行连接。

（3）导线绝缘层与接线端子之间，应保持适当距离，绝缘层既不可贴着接线端子，也不可离接线端子太远，使芯线裸露得太长。

（4）软导线与接线端子连接时，不允许出现多股细线芯松散、断股和外露等现象。

（5）线头与接线端子必须连接得平服、紧密和牢固可靠，使连接处的接触电阻减到最小。

2. 线头与柱形接线端子的连接方法

柱形接线端子是依靠近于孔顶部的压紧螺钉压住线头（线芯端）来完成连接的。电流容量较小的接线端子，一般只有一个压紧螺钉。电流容量较大的，或连接要求较高的，通常有两个压紧螺钉。操作要求和方法如下：

（1）单股线芯头的连接方法

在通常情况下，线芯直径都小于孔径，且多数都可插入两股线芯，故必须把线头的线芯折成双股并列后插入孔内，并应使压紧螺钉顶住在双股线芯的中间，如图4—2a所示。

如果线芯直径较大，无法插入双股线芯，可将单股芯线插入孔前把线芯端头略折一下，折转的端头翘向孔上部，如图4—2b所示。

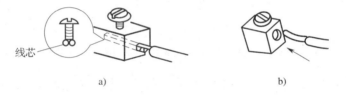

线芯

a)   b)

图4—2 单股线芯头与柱型端子连接

上述两种线头线芯的工艺处理，都能有效地防止线头在压紧螺钉稍有松动时从孔中脱出。

（2）多股线芯头的连接方法

连接时，必须把多股线芯按原拧绞方向，用钢丝钳进一步绞缠紧密，要保证多股线芯受压紧螺钉顶压时不松散，如图4—3a所示。由于多股线芯的载流量较大，孔上部往往有两个压紧螺钉，连接时应先拧紧第一枚压紧螺钉（近端口的一枚），后拧紧第二枚，然后再加拧第一枚及第二枚，要反复加拧两次。在连接时，线芯直径与孔径的匹配一般应比较相称，尽量避免出现孔过大或过小的现象。

当孔过大时，可用一根单股线芯（直径应根据孔大于线芯直径的多少而定）在已作进一步绞紧后的线芯上进行紧密地排绕一层，如图4—3b所示，然后进行连接。

当孔过小时，通常是导线载流密度选用过低所致。因此，可把多股线芯处于中心部位的线芯剪去（7 股线剪去一股，19 股线剪去 1～7 股），然后重新绞紧，进行连接，如图 4—3c 所示。

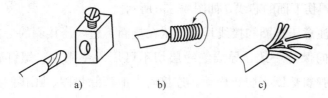

图 4—3　多股线芯头与柱型端子连接

不管单股线芯或多股线的线头，在插入孔时必须插到底。同时，导线绝缘层不得插入孔内。

（3）软线线头的连接方法

把多股芯线作进一步绞紧，全根芯线端头不应有断股芯线露出端头而成为毛刺。按针孔深度折弯芯线，使之成为双根并列状。在芯线根部把余下芯线按顺时针方向缠绕在双根并列的芯线上，排列应紧密整齐。缠绕至芯线端头口剪去余端，并钳平不留毛刺，然后插入接线桩针孔内，拧紧螺钉。

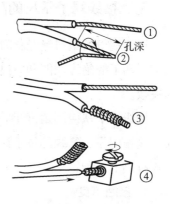

图 4—4　软线线头的连接方法

3. 线头与螺钉端子的连接方法

对于电流容量较小的单股线芯，在连接前，应把线芯弯成压接圈（俗称羊眼圈），再用螺钉压紧，如图 4—5a 所示。对于多股线芯，在连接前，一般应在线芯端头上安装接线耳或者把线头、线芯弯成多股线芯压接圈进行连接，如图 4—5b 所示。

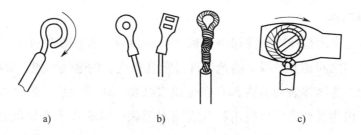

图 4—5　线头与螺钉端子连接

a）线头连接方法　b）多胶线连接方法　c）软导线的连接方法

此外，在螺钉端子上连接时，还经常遇到软导线的正确连接问题。连接时应先把芯线进一步绞紧，然后把芯线按顺时针方向围绕在接线桩的螺钉上，围绕螺钉一圈后，余端应在芯线根部由上向下围绕一圈，再把芯线余端按顺时针方向围绕在螺钉上，最后把芯线余端围到芯线根部收住，接着拧紧螺钉后扳起余端在根部切断，不应露毛刺和损伤下面的芯线，如图4—5c所示。

连接时应注意压接圈和接线耳必须压在垫圈下边，压接圈的弯曲方向必须与螺钉的拧紧方向保持一致，导线绝缘层切不可压入垫圈内，螺钉必须拧得足够紧，但不得用弹簧垫圈来防止松动。连接时，应清除垫圈、压接圈及接线耳上的油垢。

三、接线端子常见的故障

接线端子的塑料绝缘材料和导电部件的质量直接关系到端子的质量，它们分别决定了端子的绝缘性能和导电性能。任何一个接线端子失效都将导致整个系统工程的失败。

接线端子从使用角度讲，应该达到的功能是：接触部位该导通的地方必须导通，接触可靠。绝缘部位不该导通的地方必须绝缘可靠。接线端子常见的致命故障形式有以下三种：

1. 接触不良

接线端子内部的金属导体是端子的核心零件，它将来自外部电线或电缆的电压、电流或信号传递到与其相配的连接器对应的接触件上。故接触件必须具备优良的结构、稳定可靠的接触保持力和良好的导电性能。由于接触件结构设计不合理、材料选用错误、模具不稳定、加工尺寸超差、表面粗糙、热处理电镀等表面处理工艺不合理、组装不当、储存或使用环境恶劣、操作不当，都会在接触件的接触部位和配合部位造成接触不良。

2. 绝缘不良

绝缘体的作用是使接触件保持正确的排列位置，并使接触件与接触件之间，接触件与壳体之间相互绝缘。故绝缘件必须具备优良的电气性能、机械性能和工艺成形性能。绝缘体表面或内部存在金属多余物、表面尘埃、焊剂等污染受潮、有机材料析出物及有害气体吸附膜与表面水膜融合形成离子性导电通道、吸潮、长霉、绝缘材料老化等因素，都会造成短路、漏电、击穿、绝缘电阻低等绝缘不良现象。

3. 固定不良

绝缘体不仅起绝缘作用，通常也为伸出的接触件提供精确的对中和保护，同时还具有安装定位、锁紧固定在设备上的功能。固定不良，轻者影响接触可靠性造成瞬间断电，严重的可能造成产品解体。解体是指接线端子在插合状态下，由于材料、设计、工艺等原因导致结构不可靠造成的插头与插座之间、插针与插孔之间的不正常分离，将造成控制系统电能传输和信号控制中断的严重后果。由于设计不可靠，选材错误，成形工艺选择不当，装配、熔接等工艺质量差，装配不到位等都会造成固定不良。

此外，由于镀层起皮、腐蚀、碰伤、塑壳飞边、破裂、接触件加工粗糙、变形等原因造成的外观不良，由于定位锁紧配合尺寸超差，加工质量一致性差，总分离力过大等原因造成的互换不良，也是常见、多发问题。这几种故障一般都能在检验及使用过程中及时发现剔除。

 技能要求

紧固家用电动电热器具接线端子

在使用过程中，由于振动或其他原因，容易造成家用电器导线假接。表面上看似导线接触完好，实际上只有导线的塑料护套连接，内部金属导体已松脱。此时，需要对接线端子进行检查并紧固。

一、操作准备

1. 准备维修工具

万用表、白金砂条或 00 号砂纸、旋具。

2. 准备机器

断开电源，打开接线盖板。

二、操作步骤

1. 接线端子检查

仔细观察并用手拨动电源线和其他连接线，检查各接线端子是否接触牢固。为了进一步确认，可用万用表对各导线一一进行测量，找出导线插头松脱处，如图 4—6 所示。

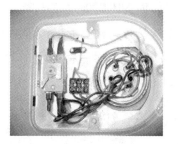

图 4—6　接线盘

2. 压接式接线端子紧固

步骤 1　卸下端子排上接线螺钉及垫片（见图 4—7）

步骤 2 检查接线及端子

检查接线头处接线耳是否完好，如有破损，应更换新的接线。检查接线耳及端子螺钉处是否有油污或锈迹，如有，应用砂纸打磨除锈并将表面清理干净。

步骤 3 连线紧固

将接线螺钉（含垫片）和连机线接线耳穿在一起后，接在对应颜色的端子上，用旋具将螺钉紧固，如图 4—8 所示。紧固时注意以下几点：

图 4—7 卸下螺钉及垫片

图 4—8 连线并紧固

（1）压线一定要紧密，不允许有松动现象。

（2）接线耳一定要在垫片和接线排中间。

（3）仔细紧固端子螺钉使相邻端子的电线不会接触。

（4）应按照螺钉标准扭矩的要求紧固。

3. 插拔式接线端子紧固

同上述压接式端子紧固方法，在完成端子及连接线的检查后，清理插拔端子的外露金属接头部分，然后将松动的接线插座重新插好，如图 4—9 所示。

图 4—9 紧固插拔式接线端子

三、注意事项

1. 确认在电源关闭状态下接线。

2. 通电前检查所有接线。

学习单元 2　调试运行家用电动电热器具控制器

学习目标

➤ 了解微型计算机控制器控制家用电动电热器具的工作过程

➤ 能调试、运行家用电动电热器具微型计算机控制器

知识要求

家用电动电热器具依据程控器的种类可分为机电式程控器器具和微型计算机式程控器器具两种。

机电式程控器器具是通过程控器内的各个触点分别接通和断开，改变电流的通路来接通和断开线路，控制各部件的运行。其基本结构是采用微型电动机作为动力源来驱动齿轮转动，齿轮的转动再带动一定的凸轮及开关动作实现控制。

微型计算机式程控器器具是通过将家电的工作流程编成程序，汇聚在芯片内，由芯片发出各种指令，控制各部件的运行。控制电路由微处理器（CPU）、输入和输出电路组成。定时功能和程序固化于微处理器中，利用微处理器（CPU）进行存储程序控制。

下面以全自动洗衣机为例，介绍微型计算机控制器控制家用电动电热产品的工作原理。

洗衣机中的微型计算机控制器将程控器要实现的所有程序写入集成电路，按照预先设置的程序并根据水位开关、安全开关等开关的状态，控制进水电磁阀、主电动机、排水电动机等执行部件通电动作，完成从洗涤到脱水的全过程，操作按键及显示屏布置在洗衣机的面板处，如图 4—10 所示。

图 4—10　洗衣机面板

一、微型计算机控制器的组成

微型计算机控制器（简称电脑板）主要是由电源电路、单片机、显示驱动、按键扫描、交流功率控制和蜂鸣报警部分组成，全部元件装配在一块印制板上（也有的分为显示板和驱动板两块），通过接插件与外围电路相连接，整个控制器用树脂类化工材料进行封装，以达到防潮要求。

二、微型计算机程控板电路分析

某品牌全自动洗衣机的微型计算机控制板电路如图4—11所示。

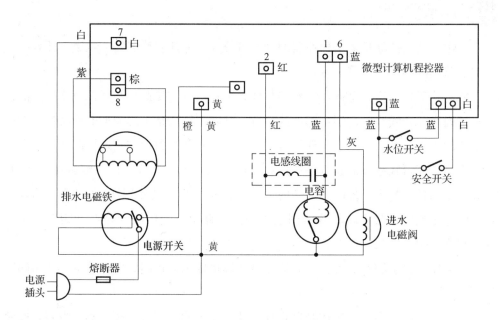

图4—11　全自动洗衣机控制电路

1. 进水控制

洗衣机的进水和停止进水的自动控制，是由微型计算机控制板根据水位开关的状态，通过控制进水电磁阀的通电、断电来实现的。当按下电源开关，按"暂停/开始"键启动后，此时桶内无水，单片机根据设定的程序进行判断后，给进水阀通电，阀门开启开始进水。

2. 洗涤、漂洗控制

当洗衣机进水到设定的水位时，水位开关内触点闭合，微型计算机程控器的单片机使进水电磁阀断电不再进水；然后单片机通过交替地将触发电压输入到电动机控制电路中，使电动机的正、反转绕组通电，电动机在电容的配合下开始正、反向运转，从而将动力传递到波轮，使波轮正、反向运转，完成洗涤和漂洗的过程。

3. 排水控制

洗涤和漂洗结束后，都要进行排水。排水时，微型计算机板的单片机向排水电动机控制电路输入电压，排水电动机通电拉开，通过连接臂带动排水阀开启，洗衣机开始排水；同时，排水电动机通过连接臂带动离合器中离合套的动作，为脱水程序工作做好准备。

4. 脱水控制

排水到一定水位后，水位开关压力值减弱到复位点时，水位开关再次断开（复位），微型计算机板单片机接收到水位开关断开的信号后，使电动机的正转绕组通电，在电容器的配合下进行顺时针转动；同时排水电动机一直通电，脱水轴高速转动，通过离心力的作用对衣物进行脱水。

技能要求

调试运行家用电动电热器具微型计算机控制器

以微型计算机控制的洗衣机为例，介绍微控制器的调试及操作步骤。

一、操作准备

1. 安装

对于需要安装的洗衣机，应按照产品使用说明的规范进行操作，并应按照以下要求进行检查。

（1）洗衣机应安装在水平、坚固的地面上，且洗衣机底脚调至水平。

（2）确保电源插座有良好的接地。

2. 洗涤准备

接好进水管后，打开水龙头，将排水管接到排水口处，插好电源线（见图 4—12）。按照使用说明，准备好待洗涤衣物。

图 4—12　洗衣机准备

二、操作步骤

以松下全自动洗衣机 XQB75－Q740U 为例，介绍微型计算机控制器的操作调试。控制屏及功能如图 4—13 所示。微型计算机控制器的各功能操作过程如下：

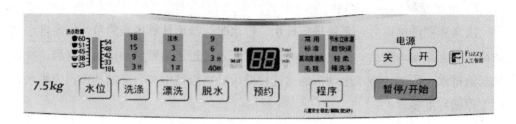

图 4—13　全自动洗衣机显示屏

1. 洗涤程序说明

（1）设定水位

1）在洗涤时可根据洗衣量调节相应水位。

2）不同洗涤程序，可选水位不同。

3）在无水状态下，波轮自动旋转约 4 s 后自动感知洗衣量并显示水位。

（2）更换新的程序

1）一旦按下启动按钮，已设定的程序就无法改变。

2）更换新的程序时，应关掉电源重新开机设定。

（3）使用程序选择

1）按行程控制按钮"洗涤""漂洗""脱水"。用户可根据自己的需要，选择只进行"洗涤""漂洗""脱水"，或"洗涤—漂洗""洗涤—脱水"和"漂洗—脱水"等洗涤组合程序。

2）行程窗口灯点亮时，则表示将要运行该程序，且用户可自行设定洗涤的时间、漂洗次数、脱水时间长短等。

3）桶内有一定积水时，"漂洗""漂洗—脱水"和"脱水"程序将从排水开始进行，否则将从"脱水"开始。

2. "标准"程序的使用

"标准"程序是最普通的洗涤程序，适合洗涤一般脏污的衣物。按洗衣量的多少设定好水位，放入适量洗衣粉，按"暂停/开始"按钮，洗涤自动开始。其他程序的使用与之相同。

步骤 1　按电源"开"，并放入衣物

打开电源后，本机自动至"常用"程序。检查整理衣物。

步骤 2　按"程序"按钮，选择"标准"程序

步骤 3　按"暂停/开始"按钮

无水状态下，波轮转动，检测洗衣量后确定合适的水位挡位。由于衣物种类的不同，机器设定的水位有可能偏高或偏低，这时可用"水位"按键调整。再按"暂停/开始"按键，使其暂停。

步骤 4　加入洗衣粉并关上机盖

直接投入适量洗衣粉后关上机盖。为确保洗衣机运行的安全和稳定，系统设定必须关上机盖，才能开始脱水行程。

步骤 5　按"暂停/开始"按钮

该程序漂洗可设定为注水漂洗（即进水到设定的水位后，边进水边漂洗）。漂洗中可能出现边漂洗边排水的现象。

步骤 6　蜂鸣器鸣叫，洗衣程序结束

3. 取消蜂鸣音的操作

整个洗衣程序结束后想取消蜂鸣音时，应按以下步骤进行：

步骤 1　先按住"暂停/开始"按钮，按"开"按钮，同时保持按住"暂停/开始"按钮 3 s 以上，听到蜂鸣器发出"嘀嘀"两声，这样程序结束后不会听到蜂鸣音，如图 4—14 所示。

步骤 2　重复上述动作，听到蜂鸣器发出"嘀嘀"两声，将恢复程序结束后的蜂鸣音。

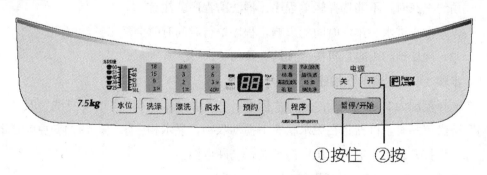

图 4—14　取消蜂鸣音的操作

4. 儿童安全功能的操作

该洗衣机为保障使用安全，有"儿童安全"功能，其具体功能是在儿童（实际上对所有年龄段的人都有效）打开运转中的洗衣机（洗涤脱水桶内有水的状态）的机盖时，蜂鸣器会连续鸣叫，提醒关上机盖。如果机盖打开 5 s 以上，则洗衣机系统认为儿童有掉入桶内的危险，会强制排掉桶内的水，如图 4—15 所示。

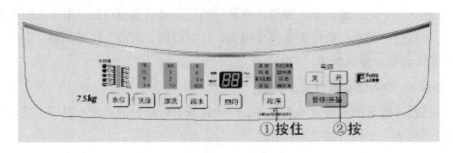

图 4—15　儿童安全功能操作

（1）设定方法

按住"程序"按钮的同时，按电源"开"按键，松开电源"开"后，继续按住"程序"按钮 5 s 以上，蜂鸣器发出"哔哔"两声，儿童安全功能设定生效（8 个"程序"的 LED 灯及数码管显示"CL"亮 2 s）。

（2）解除方法

将设定的动作重复一次，蜂鸣器发出"哔哔"两声，儿童安全功能被解除。

5. 预约洗涤功能操作

步骤 1　打开电源开关并放入衣物

步骤 2　按"程序"按钮选择程序

预约洗涤时，不能选择轻柔程序、桶洗净程序。注意：

（1）由于进水、排水时间的影响，程序执行时间有时会超出预约时间。

（2）确认预约内容后再按"预约"按钮。

步骤 3　按"预约"按钮

选择范围为 2～24 h 后。采用"标准""节水立体漂""高浓度浸洗"及"常用"洗涤程序时，机器将在无水状态下搅动衣物，显示相应水位。预约变更时切断电源，再打开。预约取消时按电源开关，切断电源。

步骤 4　按"暂停/开始"按钮

步骤 5　根据水位量放入相应洗涤剂，关上机盖

步骤 6　预约洗涤完成后，蜂鸣器鸣叫，洗衣结束

第 2 节　维护机械部分

 学习单元 1　清洗家用电动电热器具表面的污垢

 **学习目标**

➤ 家用电动电热器具产生污垢的部件及形成原因
➤ 掌握清洗家用电动电热器具表面污垢的方法

 **知识要求**

一、家用电动电热器具产生污垢的部件及产生污垢的原因

洗衣机使用过程中，由于洗衣机桶体会经常性地和洗涤水、衣物、线屑等接触，使用一段时间后，内外桶之间不可避免地会聚集一些污垢，这些污垢主要包括由自来水中的钙离子和碳酸钙化学反应后形成的水垢、洗衣粉（肥皂）的游离物、衣物的纤维等。这些污垢黏附在内外桶夹层上，在常温下很容易有细菌、霉菌等在其上繁殖、发酵、发霉，在进行洗涤时，污物就会黏附在衣物上，形成二次污染，危害人体健康。另外，洗衣机一般放置于潮湿、通风性差的卫生间内，箱体也会有一定的脏污。

而对于电饭煲、微波炉等厨房用具，在长期使用过程中，容易被厨房的油烟、食物残渣等污染，使箱体内、外表面脏污，会对使用者的健康产生危害。因此家用电动电热器具需要定期进行表面清理。

二、清洗家用电动电热器具表面污垢的方法

电饭煲、微波炉等用具的内外表面清洗过程与电冰箱的清洗相同，此处不再详述。清洗洗衣机表面时，应用软布将机身上的灰尘擦拭干净，对于不能擦除的污

物，可用抹布沾少许肥皂水擦拭，然后用干净的抹布擦除肥皂水。

切记不能用水直接冲洗，不要使用有机溶剂或腐蚀剂来清洗机件，以免损坏机件。不能用如稀料、汽油、酒精等挥发性物质擦拭面板，以免造成面板的涂层褪色。

 技能要求 1

清洗家用电动器具（洗衣机）内部污垢

一、操作准备

洗衣机、清洗剂、抹布等。

二、操作步骤

以波轮式全自动洗衣机为例，洗衣机的清洗步骤如下：

步骤1　将清洗剂倒入洗衣机筒内，用量根据清洗剂说明书要求确定

步骤2　加水

桶内加入 40℃左右温度的水至高水位，运转 5 min，使产品充分溶解。

步骤3　浸泡

关闭电源，浸泡约 45 min；如为初次使用，建议浸泡 2～3 h。

步骤4　洗涤

浸泡时间达到标准后，按洗衣机日常洗涤标准模式洗涤（洗涤—漂洗—脱水）。

以滚筒洗衣机为例，说明小部件的情况：

拆下洗涤剂分配器盒，清洗后用水冲洗干净再重新装好。

清洗过滤器：双手直拨底饰板，按图示方向取出过滤器，用水冲洗干净，再重新安装到位，如图 4—16 所示。

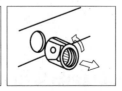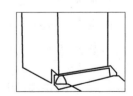

图 4—16　清洗过滤器

三、注意事项

1. 每 3 个月使用清洗剂清洗一次，以保障电器清洁。

2. 在清洗洗衣机外部及橡胶件时，不能使用有机溶剂及腐蚀性溶剂来擦拭。

 技能要求 2

清洗家用电热器具（电饭锅）污垢

一、操作准备

电饭锅、清洗剂（去污粉、醋）、抹布、旋具等。

二、操作步骤

电饭锅内锅底的脏物主要是饭粒的焦渣，外壳烤漆也会因高温米汤的溢出而被腐蚀，开关与安全装置还会因为汤液或饭粒的进入而失灵。

外壳上的一般性污迹可用洗洁精或洗衣粉的水溶液进行清洗。内锅的黑斑可用去污粉擦净或用醋浸泡一夜后除净，铝质内锅可用热水浸泡后再刷洗。

当电饭锅内部控制部位有饭粒或污物掉进去时，应用旋具取下电饭锅底部的螺钉后再清理。有污物堆积在控制部位某处时，可用小刀清除干净后再用无水酒精擦洗。

三、注意事项

绝对不允许用钢丝清洁球清洗内锅和外壳。

°•°••°•••°•••°•••°•••°•••°•••°•••°•••°•••°•••°•••°•••°•••°•••°•••°•••°•••°•••°•

 学习单元 2　**对家用电动电热器具运转部件加润滑剂**

°•°••°•••°•••°•••°•••°•••°•••°•••°•••°•••°•••°•••°•••°•••°•••°•••°•••°•••°•••°•

 **学习目标**

➢ 了解润滑剂常识

➢ 掌握家用电动电热器具运转部件加润滑剂的方法

 **知识要求**

一、润滑剂常识

1. 对润滑剂的要求

家用电动电热器具需要添加润滑剂的部件是电动机的转动轴。例如洗衣机的电动机轴由于处于潮湿环境中，在工作中又处于高速滚动摩擦状态，因此为保持运动机构的正常润滑，应选用具有抗水性好、摩擦系数小的润滑剂。

2. 润滑剂的种类

在修理洗衣机的过程中，常用到的润滑剂有润滑油和润滑脂两类，如20号机械油和2号、3号润滑脂等。滚珠轴承应加入钙基脂润滑脂（凡士林）；油轴承及铜套，一般应注入稀质润滑油；缝纫机油最适合用于各种铜套轴承的润滑。

3. 润滑剂的选取

在选用润滑油时应注意油的黏度。油的黏度大小会影响摩擦阻力的大小。洗衣机通常用的润滑油是20号机械油。

选用润滑脂时，应注意润滑脂的耐水性和针入度。由于洗衣机在潮湿环境下工作，必须选用耐水性好的润滑脂。对于滚动轴承来说，通常选用2号或3号润滑脂。润滑脂牌号及性能见表4—1。

表4—1　　　　　　　　　　　　润滑脂牌号及性能

润滑脂	1号	2号	3号	4号	5号
针入度	310～340	265～295	220～250	175～205	130～160
软硬度	很软	软	中软	硬	很硬

轴承内润滑剂的作用是在两摩擦面之间形成一层隔离的油膜，以减少摩擦和发热量，降低噪声，延长轴承的使用寿命。润滑剂的用量以填入轴承空间的1/3为宜。

二、家用电动电热器具运转部件加润滑剂的方法

许多家用电器尤其是洗衣机、排风扇等，出现故障甚至损坏大都与用户不懂或忽略正常保养密切相关。电动机转轴长时间缺油运行将导致轴、轮锈死，轴承、铜套报废，从而导致洗衣机漏水、漏电、甩干桶不转等故障，因此需要定期对运转部件添加润滑油。

　　家用电动电热器具中的运转部件一般采用含油轴承。常用润滑剂的加入方法如下：

1. 涂抹或填充法

　　手工涂抹或填充加油脂不宜用裸手而应用工具。要求加油脂量符合下述要求，油脂确实布满所有需润滑的润滑部位表面。在油脂使用一段时间后，需要更换或补充油脂。

2. 加油杯法

　　在轴承旁开小孔以通向加油杯，靠杯内的油脂不断补充给轴承。对高速轴承应设置逸油阀，通过离心作用逸出轴承中过多的油脂，以减少轴承的摩擦功耗和高速转动带来的温升。

3. 加油枪法

　　用加油枪通过压力将油脂经加油孔打入轴承，多用来补充油脂。

4. 集中给油法

　　用泵通过管道将油脂统一输往轴承各部位，应保证油脂的流动路线能挤除旧油脂，将新油脂补入各润滑点。

　　以上四种加油方法对润滑油脂的稠度有所要求，采用涂抹法、加油杯法、加油枪法，一般选 1～3 号稠度的润滑脂，最好选用 2 号稠度的润滑脂，加注比较容易。采用集中给油法，一般要通过很长的管道，为了不致使泵压过大，一般采用 0～1 号稠度的润滑脂或润滑油，最好选用 0 号稠度的润滑脂。在领取和加注润滑剂前，要严格注意容器和工具的清洁，设备上的供油口应事先擦拭干净，严防机械杂质、尘埃和砂粒的混入。

　　更换润滑剂时，要注意不同种类的润滑剂不能混用。新润滑剂和旧润滑剂也不能混合，即使是同类的润滑剂也不可新旧混合使用。因为旧润滑剂中含有大量的有机酸和杂质，将会加速新润滑剂的氧化，所以在更换润滑剂时，一定要把旧废润滑剂清洗干净，才能加入新润滑剂。

 技能要求 1

家用电动电热器具运转部件加注润滑剂

一、操作准备

润滑剂、旋具、注入器等。

二、操作步骤

步骤1 电动机轴承加注润滑剂

洗衣机的洗涤电动机多采用滚珠轴承传动，使用寿命很长，一般不需要注油。但少数洗衣机的洗涤电动机是采用球形自调心含油轴承，每隔半年至一年应向端盖中部注油孔注数滴稀质润滑油。

双桶洗衣机的脱水电动机多采用球形自调心含油轴承，使用半年至一年后也应向端盖中部注油孔注数滴稀质润滑油。

步骤2 波轮轴轴承加润滑油

波轮轴轴承有用滚珠轴承的，也有用含油轴承的。使用滚珠轴承的可每隔3～5年将其拆开用汽油清洗干净并注满黄油。使用铜套轴承的应隔半年至一年向轴套侧面注油孔注数滴稀质润滑油。更换铜套时应将油毡卸下用汽油洗净晾干再重新装好，然后注足稀质润滑油。

三、注意事项

1. 上排水洗衣机装有上排水微型泵，这些泵的电动机大多比较简易，轴承往往使用铜套。给上述运转部位注油时应顺便给电动机轴承加些润滑油。

2. 洗衣机甩干电动机轴上刹车片固定铰链轴和机壳固定脚轮，这两处注油的目的是防止锈死。

3. 洗衣机应注油处都是轴承、轴套等运转部位。至于电动机上使用的是滚珠轴承还是含油自调心轴承，简易判断方法是，用手握轴觉得顺轴向稍有间隙的是含油自调心轴承或铜套，否则就是滚珠轴承。

 技能要求2

家用电动电热器具运动部件（吊杆）加注润滑油

洗衣机内除了轴承等运转部件外，吊杆上铰座、阻尼套内也会出现润滑油干涸的现象，导致在脱水初始时或末了时发出异响（稳定时消失）。对这种异响加润滑油后即可消除。可涂一般黄油，最好使用航空用润滑油。

一、操作准备

汽油、润滑油、旋具等。

二、操作步骤

步骤 1　将洗衣机倾倒

步骤 2　在四根吊杆的阻尼套内注入润滑油

步骤 3　将洗衣机立起，卸下控制盘座部件

步骤 4　在吊杆周围涂油

先在吊杆上部和洗衣机箱体的箱角凹坑涂以润滑油，然后用手向下压脱水桶，在吊杆及其尾部处涂敷润滑油。手松开后，脱水桶回到原处。

步骤 5　用手按压脱水桶使其上、下移动 2～3 次即可

三、注意事项

润滑油不得注入洗衣机不需要处，以免弄脏衣物。

第 3 节　维 修 准 备 工 作

 学习目标

➢ 了解家用电动电热器具的安全性能常识

➢ 熟悉维修家用电动电热器具使用的工具

➢ 能准备家用电动电热器具维修用的工具

 知识要求

一、维修家用电动电热器具的常用工具

维修家用电动电热器具，需要准备一套基本的修理工具和一套专用修理工具。有了得心应手的检修工具，才能更好地处理电动电热器具的各种故障。

除了活扳手、呆扳手、旋具、钢丝钳、手锤、撬棍等普通工具外，其他专用工具及使用方法见表 4—2。

表 4—2 家用电动电热器具维修专用工具一览表

名称	图片	用途/使用说明
套筒扳手		安装或卸下螺栓、螺母用。如在装卸全自动洗衣机的脱水桶时使用
拉模（又称拉马）		用来拆卸传动轮、轴承等。使用时注意拉模的丝杆要对准转动轴的中心，摆正拉模，均匀转动拉模手柄
T形十字旋具		装卸大型十字螺钉用，如波轮螺钉、双桶洗衣机的脱水桶等
大力钳		拆装各种管夹，如夹住软管管夹拆卸安装软管
剥线钳		导线剥皮露出铜丝，用于连接导线
电烙铁		焊接电气元件及线路接点。使用时应注意：根据电器不同，选用不同功率的电烙铁；焊接不同元件时，应掌握不同的焊接时间
热熔胶枪		连接、密封零部件

二、家用电动电热器具维修用仪表

维修时常用的电气仪表包括万用表、兆欧表、电流表等，这些仪表的使用方法见第 2 章第 4 节相关内容。

三、家用电动电热器具安全性能常识

1. 防触电保护

家用电器按防触电保护方式可分为以下 5 类：

（1）0 类电器

依靠基本绝缘防止触电的电器。此类电器没有接地保护，在容易接近的导电部分和设备固定布线中的保护导体之间没有连接措施，在基本绝缘损坏的情况下，便依赖于周围环境进行保护。一般这种设备使用在工作环境良好的场合。近年来对家用电器的安全要求日益严格，0 类电器已日渐减少，老式单速拉线开关控制的吊扇就属于 0 类电器。

（2）0Ⅰ类电器

至少整体具有基本绝缘和带有一个接地端子的电器。此类电器的电源软线中没有接地导线，插头上也没有接地保护插脚，不能插入带有接地端的电源插座。由于只备有接地端子，而没有将接地线接到接地端子上，使用时由用户用接地线将机壳直接接地。老式国产波轮式洗衣机大多是 0Ⅰ类电器。

（3）Ⅰ类电器

此类电器除依靠基本绝缘进行防触电保护外，还包括一项附加安全措施，方法是将易触及导电部件和已安装在固定线路中的保护接地导线连接起来，使容易触及的导电部分在基本绝缘失效时，也不会成为带电体。例如，国产电冰箱都是Ⅰ类电器。

（4）Ⅱ类电器

此类电器不仅仅依赖基本绝缘，而且还具有附加的安全预防措施。一般是采用双重绝缘或加强绝缘结构，但对保护接地是否依赖安装条件，不作规定。例如，国产电热毯大多是Ⅱ类电器。

（5）Ⅲ类电器

此类电器是依靠隔离变压器获得安全特低电压供电来进行防触电保护。同时，在电器内部电路的任何部位，均不会产生比安全特低电压高的电压。

安全特低电压，是指为防止触电事故而采用的特定电源供电的电压系列。这个电压的上限值，在任何情况下，两个导体间或任一导体与地之间，均不得超过交流（50～500 Hz）有效值 50 V。

我国规定安全特低电压额定值等级为 42 V、36 V、24 V、12 V、6 V，当电气设备采用了超过 24 V 的安全电压时，必须采取防止直接接触带电体的保护措施。目前使用的移动式照明灯多属Ⅲ类电器。

2. 防水保护

家用电器安全防护按防水保护程度可分为 4 种：普通型器具、防滴型器具、防溅型器具、水密型器具。家用电淋浴器、快速式电热水器、部分房间用空调器属于防溅型电器，吸尘器有普通型、防溅型电器两种，部分电热毯为水密型电器，标志为 IPX0～IPX7。

3. 绝缘保护

为了确保家用电器具有良好的电气性能，对于电热电器和电动电器要进行绝缘电阻和泄漏电流强度试验。在家用电器产品标准中，一般规定要测试工作温度下的电气绝缘和泄漏电流。

（1）绝缘电阻测试

国际电工委员会（IEC）标准规定测量带电部件与壳体之间的绝缘电阻时，基本绝缘条件的绝缘电阻值不应小于 2 MΩ；加强绝缘条件的绝缘电阻值不应小于 7 MΩ；Ⅱ类电器的带电部件和仅用基本绝缘与带电部件隔离的金属部件之间，绝缘电阻值不小于 2 MΩ；Ⅱ类电器的仅用基本绝缘与带电部件隔离的金属部件和壳体之间，绝缘电阻值不小于 5 MΩ。

（2）泄漏电流测试

家用电器的泄漏电流是指电器在加电压作用下，所测到的漏电流。对于各类家用电器，国家标准也都规定了泄漏电流不应超过的上限值，产品出厂前都要进行测试。测试时施加电压为家用电器额定电压的 1.06 倍（或 1.1 倍），在电压施加 5 s 内进行测量，施加试验电压的部位是家用电器带电部件和仅用基本绝缘与带电部件隔离的壳体之间，以及带电部件和用加强绝缘与带电部件隔离的壳体之间。如果带电部件和金属壳或金属盖之间距离小于 GB 4706.1—2005《家用和类似用途电器的安全 第 1 部分：通用要求》第 29.1 条所规定的适当间隙时，施加试验电压的部位是用绝缘材料做衬里的金属壳或金属盖与贴在衬里内表面的金属箔之间。电热器具要测热和潮湿状态下的泄漏电流，电动器具要测工作温度状态下的泄漏电流。

（3）绝缘电气强度试验

通用要求规定，电热器具在作温度和湿热试验后均要进行电气强度试验，电动器具只在湿热试验后进行电气强度试验。家用电器在长期使用过程中，不仅要承受额定电压，还要承受工作过程中短时间内高于额定工作电压的过电压的作用，当过电压达到一定值时，就会使绝缘击穿，家用电器就不能正常工作，使用者就可能触电而危及人身安全。电气强度试验俗称耐压试验，是衡量电器的绝缘在过电压作用下耐击穿的能力，这也是一种考核产品是否能保证使用者安全的可靠手段。

电气强度试验分两种：一种是直流耐压试验，另一种是交流工频耐压试验。家用电器产品一般进行交流工频耐压试验。电气强度试验受试部位和试验电压值，在各产品标准中都作了具体说明和规定。一般在工作温度下，Ⅱ类电器在与手柄、旋钮、器件等接触的金属箔和它们的轴之间，施加试验电压为 2500 V；Ⅲ类电器使用基本绝缘，试验电压 500 V；其他电器，采用基本绝缘，试验电压 1250 V，采用加强绝缘，试验电压为 3 750 V。除电动机绝缘外，其他部分的绝缘应能承受 1 min，正弦波、频率为 50 Hz 的耐压试验，不应发生闪络和击穿。试验开始时，先将电压加至不大于试验电压 50％，然后迅速升到试验电压规定值，并持续到规定时间。

在进行电气强度试验时，应注意下列事项：

1）电气强度试验必须在绝缘电阻（电动电器）或泄漏电流（电热电器）测试合格后，才能进行。

2）试验电压应按标准规定选取，施加试验电压的部位，必需严格遵守标准规定。

3）测试装置应有完善的保护接零（或接地）措施，测试前后应注意放电。

4）测试后，应使调压器迅速返回零位。

我国的家用电器均由单相三线制低压供电系统供电，引入家庭的是其中一根相线和零线，这种系统采用保护接零是行之有效的方法。

第 4 节　检 修 电 气 系 统

 学习单元 1　更换温度控制及保护组件

 学习目标

➤ 了解家用电热器具电热组件的知识

➤ 了解各种时间控制器及温度控制器的知识

➤ 能检查、更换温度控制器件和超温保护组件

 知识要求

一、家用电热器具的产品的结构和性能

在家用电热器具中，电热转换的方法有四种：电阻加热、远红外加热、电磁感

应加热和微波加热。下面以电热水器为例，介绍电热器具的结构及性能。

电热水器主要用来对自来水加热，供给人们沐浴或洗涤，按其结构原理可分为储水式和速热式两种。速热式热水器没有储水箱，是一个当水流过就立即使水加热的电器产品，具有体积小、加热速度快、使用方便等优点，但功率较大、易发生漏电。而储水式热水器一般功率在 2 kW 以下，安全可靠。储水式电热水器的结构如图 4—17 所示，一般由箱体系统、加热系统、控制系统、进出水系统四部分组成。

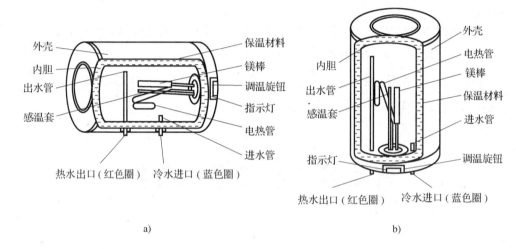

图 4—17　储水式电热水器

a）卧式　b）立式

1. 箱体系统

箱体系统由外壳、内胆和保温层等构成，起到储水保温的作用。

外壳是电热水器的基本框架，一般为筒状或长方体状，所用材料有塑料、冷轧板和彩板等。内胆是盛水的容器，也是对水加热的场所。

内胆的材料有镀锌板、不锈钢板和钢板内搪瓷等多种。内胆中固定有镁棒，主要用来保护金属水箱不被腐蚀和阻止水垢的形成。

外壳与内胆之间的保温层起减少热损失的作用，一般采用聚氨酯发泡、玻璃棉、纤维、毡和软木等。为增强保温效果，现多采用高密度聚氨酯发泡材料充填的新工艺，充填扎实，密封保温性好。

2. 制热系统

电热水器的电热元件多采用电加热管，金属护套管为不锈钢管或钢管，弯成 U 形（见图 4—18）。为了提高加

图 4—18　金属护套管

热效率,直接将电热管放入水中加热。也有些热水器采用陶瓷加热器,间接加热内胆中的水,使水电隔离,如图 4—19 所示。

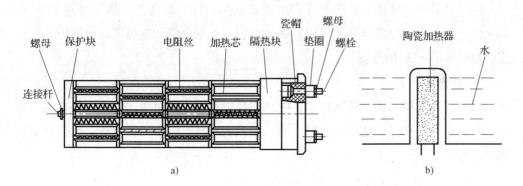

图 4—19 陶瓷加热器

a)陶瓷加热器结构 b)加热示意图

3. 控制系统

电热水器的控制系统主要由温控器、限温器和漏电保护器、功率选择开关等组成。

(1)温控器、限温器

温控器除用于控制水温外,还兼有自动保温的功能。根据工作原理不同,可分为双金属片温控器、蒸汽压力式温控器和电子式温控器三种。

限温器用于限制热水器水温,防止水温过高发生意外,一般限温动作温度为 98℃。

(2)漏电保护器

在电热水器的漏电保护器中,将 15 mA 确定为危险电流,正常的动作范围为 15～30 mA。

在电热器具中,单纯进行温度控制存在一些不足之处,若辅以功率控制,可使电热器具保持适宜温度。功率控制的方法主要有开关换接控制、二极管整流控制和晶闸管调功控制。

4. 进出水系统

进出水系统由进、出水管,混合阀,安全阀和沐浴喷头等组成。通过调节混合阀,可以调节冷热水的出水量,得到需要的水温。安全阀用于自动排压,当水温过高导致水压升高,超过内胆规定的耐压值时,安全阀自动打开泄压,保护内胆。

二、电热元件

电热器具中，常用的电热元件有电阻式电热元件、远红外电热元件及 PTC 电热元件三类。家用电热器具的常用发热元件包含：电热管、电热带、电热板、电热膜、电热丝、PTC 加热器等。

1. 电热管

电热管即金属管状电热元件，是电热器具中最常用的封闭式电热元件，主要由电热丝、金属护套管、绝缘填充料、端头填充堵材料、引出棒等组成。电热管的内部结构如图 4—20 所示。

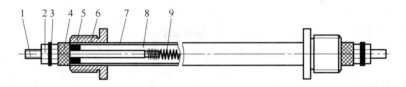

图 4—20　电热管
1—接线柱　2—螺母　3—平垫圈　4—绝缘子　5—封口胶
6—接头　7—金属护套管　8—结晶氧化镁　9—电热丝

（1）电热丝

电热丝为螺旋状合金丝，是直接通电发热的部分。因其完全密封于金属护套管中，与空气隔离，因而可有效地防止氧化，表面负荷可以增加十几倍，节约了电热材料，提高了热效率和使用寿命。

（2）金属护套管

常见的金属护套管有不锈钢管、碳钢管、黄铜管、纯铜管和铝管，一般根据加热介质的种类和工作温度而定。

（3）绝缘填充料

绝缘填充料具有良好的绝缘性能和导热性能，常见的有结晶氧化镁、石英砂、氧化铝和氯化镁，适用温度分别为 600℃、400℃、500℃、300℃以下。

（4）端头封堵材料

封堵的作用是使绝缘填充料不易吸收环境中的水汽，常见材料有硅有机漆、环氧树脂、硅橡胶、玻璃和陶瓷等。

（5）引出棒

引出棒为合金丝或低碳钢等金属丝，与外电路连接的形式主要有螺纹连接、冲孔连接、插针连接等。

2. 电热带

电热带是在两根平行金属母线之间均匀地挤包一层 PTC 材料制成的芯带，如图 4—21 所示。电缆一端的两根母线与电源接通时，电流从一根母线横向流过 PTC 材料层到达另一根母线，PTC 层就是连续并联在母线之间的电阻发热体，将电能转化成热能，对操作系统进行加热保温。电热带有自动限温功能，芯带电阻随温度升高增大，到了高阻区，电阻大到几乎阻断电流，芯带温度便达到高限不再升高而自动限温。电缆的输出功率主要受控于传热过程以及被加热体的温度。

自限温加热带具有温度均匀，不会过热，节约电能，升温快速，在选用电热带的最长使用长度内任意剪断使用，可重叠、交叉使用等优点。自限温电热带经过辐照可以增加使用寿命和发热温度的稳定性。

3. 电热膜

电热膜是薄膜型电热元件，以康铜箔或康钢丝作为电热材料，聚酰亚胺薄膜作为绝缘材料的薄膜型电热件，多为片状或带状，如图 4—22 所示。

图 4—21　电热带　　　　　　　　图 4—22　电热膜

4. 电热板

将金属管状电热元件铸于铝盘、铝板中，或焊接、镶嵌在铝盘、铝板上，即构成各种形状的电加热盘、电加热板，如图 4—23 所示。电热板的形状有圆形、方形等，主要有铸板式和管状元件两种结构形式，典型应用有电饭锅、电熨斗、电咖啡壶等。

5. 电热丝

电热丝按其化学元素的含量和组织结构的不同，可分为两大类：一类是铁铬铝合金系列，另一类为镍铬合金系列，它们作为电热材料各具优点，得到了广泛的使用，如图 4—24 所示。

图4—23 电热板

图4—24 电热丝

三、时间控制器

时间控制器是利用时控元件对电热器具的工作时间进行控制。定时控制所使用的时控元件多为定时器，定时时限有 0～5 min、0～30 min、0～60 min、0～6 h、0～12 h、0～24 h 等多种。按定时器的结构原理，时间控制器可分为机械式、电动式、电子式等。

1. 机械式时间控制器

机械式时间控制器是一种利用钟表机构原理，以发条作为动力源，再加上机械开关组件构成的时间控制器，其结构原理如图4—25所示。其中，发条一般采用碳钢或者不锈钢片卷制而成。

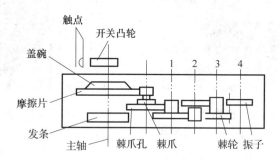

图4—25 机械式时间控制器工作原理图

开关凸轮与主轴铆接，当主轴反转时，先靠摩擦片和盖碗使凸轮滑动松开发条，不影响齿轮系的转动。当主轴正转上条时，靠第二轮上的棘爪孔与棘爪滑脱而与其后的齿轮系离开。当自然放条时，整个轮系转动，靠振子调速。这种定时器结构的特点是摩擦力矩大，动作可靠。机械式时间控制器通常用于 2 h 以内的延时。

2. 电动式时间控制器

电动式时间控制器一般采用微型同步电动机或罩极式电动机作为动力源，加上减速传动机构、机械开关组件及电触点组成。其关键部件是机械开关组件（见图

4—26），它包括一个带凸轮的转盘和一个有
固定支点的杠杆触头。该转盘既可手动转
动，也可由微型电动机通过减速机械带动。
当要确定工作时间时，可手动拧动调时旋
钮，使转盘顺时针转动。当杠杆滑动支点滑
出凹槽与转盘外圆接触时，杠杆触点恰好与

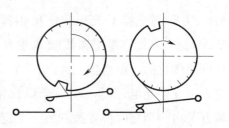

图 4—26　机械开关组件示意图

固定触点紧密贴合，电路接通。此时如接通电源开关，则整个电路有电流通过，微
型同步电动机转动，通过减速机构带动转盘继续转动，直至杠杆的滑动支点重新落
入凹槽，电触点脱开，电路断电。很显然，调时旋钮转动角度的大小决定了工作时
间的长短。

　　电动式时间控制器工作性能稳定，定时精度高，通常可以控制 2～24 h 的长
延时。

3. 电子式时间控制器

　　电子式时间控制器一般由延时电路、转换电路和继电器、晶闸管等执行元件组
成。电子式时间控制器有电容充电式、电容放电式、场效应管式、单结晶体管式、
指触式等多种类型。

　　如图 4—27 所示为 RC 电容充电式时间控制器电路原理图。图中，RS1～RS5
为定时电阻，2、4、6、8、10 为 5 个定时位置，由波段开关切换，使其与固定电
容 C 分别组成不同时间常数的 RC 回路。当拨到某一个定时位置时，电源经过定

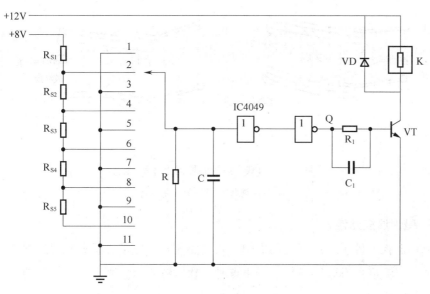

图 4—27　电子式时间控制器电路原理图

时电阻 R_S 对电容 C 充电，使反相器输出端 Q 由低电平转换为高电平，三极管 VT 导通，从而在继电器线圈 K 中有足够的电流通过，使触点动作，达到控制加热回路的目的。但当拨到 1、3、5、7、9、11 这 6 个位置时，输入端被接到机壳，不发生充电过程，输出端 Q 保持低电平，处于不进行定时的断路位置。波段开关由一个定时位置拨到另一个定时位置时总经过一个断位，可使已充电的电容 C 得到迅速释放，从而保障了换挡后定时的准确性。R 为一个阻值很大的释放电阻。

四、温度控制元器件

在家用电热器具中，常用的温控元件有热双金属片温控元件、磁性温控元件、热敏电阻温控元件和热电偶温控元件。

1. 热双金属片温控元件

热双金属片温控元件由两种金属薄片轧制结合而成，其中一片金属片热膨胀系数大，另一片热膨胀系数小。在常温下，两片金属片保持平直。当温度上升时，热膨胀系数大的一片伸长较多，金属片向热膨胀系数小的那一面弯曲；温度越高，弯曲程度越大。当温度下降时，热双金属片收缩恢复原状。利用双金属片受热后弯曲变形运动的特点，即可控制开关触点的通断。

双金属片有常开触点和常闭触点两种结构，如图 4—28 所示。在常温下两触点是闭合的触点，称为常闭触点；是断开的触点，则称为常开触点。

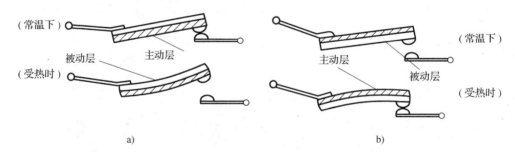

图 4—28　双金属片温控器工作示意图

a) 常闭触点型　b) 常开触点型

2. 磁性温控元件

磁性温控元件主要用于电饭锅中，它主要由永久磁钢、感温软磁、弹簧和拉杆等组成。当温度上升到感温软磁居里点时，软磁铁磁力急剧减小，从而使开关触点分离，切断电路。

3. 热敏电阻温控元件

热敏电阻温控元件利用热敏电阻的负温度系数特性，实现其对温度的检测与转换，它将检测到的温度值转变为电量，经放大电路放大后推动执行机构实现对电热元件的控制。它具有结构简单、体积小、寿命长、温度控制精确、易于实现远距离测量与控制的优点。

4. 热电偶温控元件

热电偶温控元件是由两种具有一定热电特性的材料构成的热电极。如图 4—29 是热电偶测温原理图，A、B 为两根不同成分、具有一定热电特性的材料所构成的热电极，把它们的一端互相焊接，而另一端连接起来形成回路，便成为一支热电偶。热电偶的焊接端称为工作端或

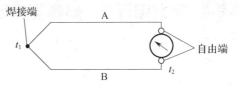

图 4—29　热电偶测温原理图

热端，使用时将此端置于被测温度部件，设其感受温度为 t_1；另一端称为自由端或冷端，设其温度为 t_2。当 $t_1 > t_2$ 时，回路中即有电动势（即热电势）产生，此电动势经放大后控制执行机构，从而达到调节温度的目的。

这种方法精确可靠，温度控制调节范围宽，价格高，通常用于较大型电热器具中，如 100 L 以上的热水器。

 技能要求

检查更换家用电热器具的温度控制组件

一、操作准备

旋具、万用表、测温仪、活扳手、电烙铁等。

二、操作步骤

步骤 1　阻值检测

用万用表 R×1 k 挡检测温控元件在常温下的阻值与加热后的阻值是否有明显变化，常温下阻值应为 10 kΩ 左右，用电烙铁加热 30 s 后，其阻值应明显减小，若没有变化则说明温控元件失灵。

步骤 2　开关检测

对保温控制开关进行检测判断，检查开关触头是否粘连。

步骤3　检查超温保护组件

检查超温保护组件，常用为 15 A 温度保护器，由传感头和两只引脚组成。测量其阻值在常温下应为 0 Ω，若保护器损坏，则其阻值应为无穷大，使整机不工作。

步骤4　更换

根据检测的结果，对相应损坏的元器件进行更换。

 学习单元2　检查更换家用电动电热器具安全开关

 学习目标

➤ 熟悉家用电热器具安全开关的知识

➤ 掌握检查、更换家用电动器具安全开关的操作方法

 知识要求

一、家用电热器具安全开关知识

漏电电流动作保护器，简称漏电保护器，又叫漏电保护开关，主要用于在家用电热器具发生漏电故障时以及对有致命危险的人身触电进行保护。

热水器使用的漏电保护插头或漏电熔断器，漏电保护电流有 10 mA、15 mA、30 mA 等几种。超过设定值，漏电保护器或漏电熔断器动作，动作时间不大于 0.1 s。漏电保护器或漏电熔断器为整机漏电的保护部件，即热水器整机电路中任一电器部件的漏电电流超过上述数值时，漏电保护器或漏电熔断器都会跳闸。

漏电保护器的工作原理：正常情况下，插头中火线（L线）与零线（N线）之间的电流差应为零，这样插头不跳闸；反之，如果系统漏电，则插头中火线与零线之间的电流必然不为零，两者相差大于额定值，插头会检测到这一信号，使保护器断路。

二、家用电动器具安全门开关

波轮全自动洗衣机的安全门开关的主要作用是用于洗衣机通电状态的安全保

护，其串联在洗衣机电气线路中，可直接控制洗涤电动机的电源，其结构由杠杆、弹簧片、动块、滑块、触点和引脚构成，如图 4—30 所示。

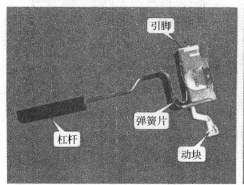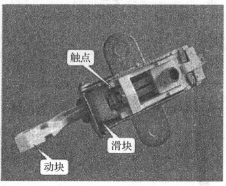

图 4—30 安全门开关结构图

脱水开盖安全保护工作原理如图 4—31 所示。上盖关闭，动块向上提起，滑块与下触点之间相互作用，两个触点闭合，洗衣桶运转；当上盖打开，动块向下降，滑块与下触点之间作用力变小，两个触点断开，洗衣机桶停止运转。

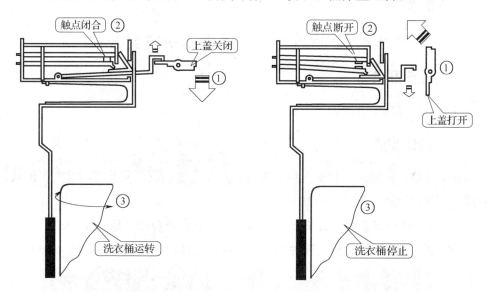

图 4—31 脱水开盖安全保护工作原理图

脱水不平衡防桶撞箱体工作原理如图 4—32 所示。洗衣机桶内衣物放置不均匀，桶体强烈振动，撞击杠杆，使弹簧片弯曲、滑块下降，两个触点断开，切断电动机电源，使洗衣桶停止运转。在洗衣桶内衣物放置均匀并盖好上盖后，两个触点重新闭合，洗衣桶继续运转。

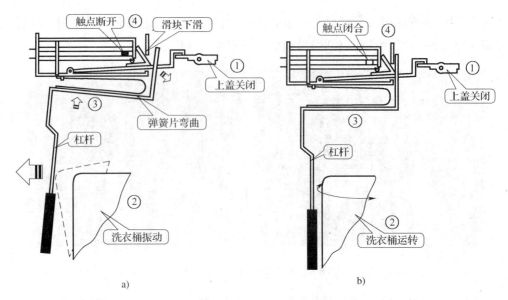

图4—32　脱水不平衡安全保护工作原理图

a）脱水不平衡时　b）脱水平衡时

 技能要求

检查、更换波轮全自动洗衣机安全开关

一、操作准备

洗衣机、旋具、万用表等。

二、操作步骤

检修波轮全自动洗衣机安全门开关时，主要通过检测不同状态时的电阻值来判断其是否存在故障，检测步骤如下：

步骤1　检查安全门开关与上盖之间的关联性是否合理（见图4—33）

步骤2　重新插拔安全门开关的导线组件插接件，以防松动（见图4—34）

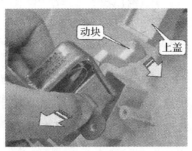

图4—33　检查上盖

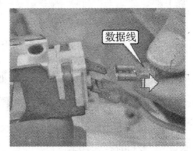

图4—34　插拔导线组件

步骤 3　检测阻值

上盖关闭时，安全门开关引脚之间的阻抗应为 0 Ω；上盖打开时，安全门开关引脚之间的阻抗应为∞，如图 4—35 所示。

平稳运转时，安全门开关引脚之间的阻抗应为 0 Ω；振动运转时，安全门开关引脚之间的阻抗应为∞。

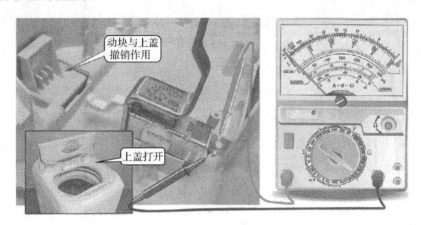

图 4—35　检测阻值

三、注意事项

1. 在检查、更换安全门开关时，不得磕碰控制杠杆，避免其变形。
2. 接线端子插接牢靠，避免接触不良。

第 5 节　检修机械系统

  **学习单元 1　检查更换家用电动器具轴承**

学习目标

➤熟悉家用电动器具轴承、轴承座工作原理的知识

➤掌握轴承、轴承座检查并更换的操作方法

 知识要求

家用电动器具中轴承的作用有减小轴与支撑架的摩擦，承受径向及轴向压力，保持轴运行平稳，降低运行噪声。

按轴承所能承受的载荷方向可分为：径向轴承，又称向心轴承，承受径向载荷；止推轴承，又称推力轴承，承受轴向载荷；径向止推轴承，又称向心推力轴承，同时承受径向载荷和轴向载荷。

按轴承工作的摩擦性质不同可分为滑动摩擦轴承（简称滑动轴承）和滚动摩擦轴承（简称滚动轴承）两大类。

家用电动器具的轴承多为滚动轴承。滚动轴承一般由外圈、内圈、滚动体和保持架组成，内圈和外圈之间装有若干个滚动体，由保持架使其保持一定的间隙，如图 4—36 所示。

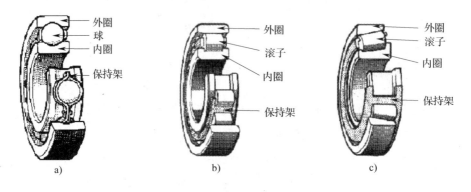

图 4—36　滚动轴承

a）深沟球轴承　b）圆柱滚子轴承　c）圆锥滚子轴承

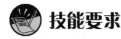 **技能要求**

检查、更换家用电动器具轴承、轴承座

一、操作准备

撬棍、拉拔器、松动剂、活扳手、铜棒、呆扳手、旋具、方木、砂纸、抹布、游标卡尺、千分尺、塞尺、加热器、油壶等。

二、操作步骤

1. 不拆卸轴承检查判断轴承故障的方法

（1）通过声音进行识别

用听音器或听音棒贴在外壳上可清楚地听到轴承的声音。

（2）通过工作温度进行识别

该方法主要用于运转状态变化不大的场合，必须对温度进行连续记录。出现故障时，不仅温度升高，还会出现不规则变化。

（3）通过润滑剂的状态进行识别

对润滑剂进行采样分析，通过其污浊程度及是否混入异物或金属粉末等进行判断。

2. 拆卸洗衣机电动机轴承

步骤 1　核实新旧配件的规格型号是否一致

步骤 2　采用合适的拆卸方法，可多种方法同时使用

步骤 3　清理轴上的锈迹、污物

步骤 4　测量轴的尺寸

步骤 5　测量轴承的尺寸和精度

步骤 6　在轴上安装轴承位置涂抹润滑油，在轴承内孔壁上涂抹润滑油

步骤 7　采取合适的方式安装新轴承

步骤 8　检测新安装的轴承参数是否满足要求

步骤 9　对新轴承涂抹一定量的润滑油脂

步骤 10　将设备组装恢复原位

步骤 11　运行设备，检查维修后运转状态

三、注意事项

1. 防止损坏轴和轴承座。

2. 保留用于失效分析的元件。

3. 禁止使用明火加热。

4. 禁止使用外力破坏轴承。

5. 禁止使用腐蚀性溶液侵蚀转轴。

6. 安装新轴承前须清理轴上锈迹及污物。

7. 安装新轴承时禁止直接敲打轴承。

 **学习单元 2　检查更换家用电动器具减振部件**

 **学习目标**

➤熟悉家用电动器具减振部件、平衡部件工作原理知识

➤掌握减振部件检查并更换的操作方法

知识要求

一、家用电动器具减振部件结构及工作原理

1. 波轮全自动洗衣机减振部件

波轮式全自动洗衣机的脱水桶、盛水桶复合套装在一起，盛水桶外底面固定减速器电动机等，这一整套部件都依靠支撑吊杆装置悬挂在外箱体上部的四个箱角上，如图4—37所示。箱角带有球面凹槽，吊杆的上铰座凸球面与箱体上四个箱角的内凹球面配合。

吊杆除起吊挂作用外，还起着减振作用，以保证洗衣机洗涤、脱水时的动平衡和稳定。吊杆有4根，长度要求一样，图4—38为吊杆结构图。系统设有一整套减振件，其中弹簧起着减振和吸振作用。弹簧有四个，四个弹簧的长度不一样，靠箱体正面的两根吊杆上的弹簧稍长，靠箱体后背的两根吊杆的弹簧较短。制造厂一般在镀锌的颜色上加以区别，但是使用一段时间后，不易辨认，这时还可以用数弹簧的圈数加以区别。在球面与其他配合部位均涂有硅基润滑脂，当洗衣机在进行脱水、洗涤程序发生振动时，弹簧便一边沿球面摆动，一边沿吊杆上下滑动，这样便可以吸收振动能量，减少由于脱水桶振动而引起的箱体振动。

2. 滚筒洗衣机减振部件

滚筒式洗衣机的箱体与外筒通过减振器进行固定连接，为了确保滚筒式洗衣机在工作过程中的安全及满足噪声小的要求，减振器通过螺栓和螺母牢固地固定在外筒和箱体间。

减振支撑部分包括箱体组件、空气阻尼减振器、拉伸挂簧等。

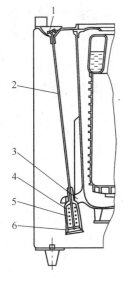

图4—37　吊挂系统图

1—吊杆挂头　2—吊杆　3—外桶吊耳

4—阻尼筒　5—减振弹簧　6—阻尼胶碗

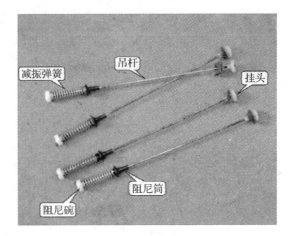

图4—38　吊杆结构图

（1）箱体组件

箱体外筒采用整体吊装形式，上端由四个拉伸挂簧将外筒吊装在外箱体的左右上边梁上，底部由两只空气阻尼减振器支撑在外箱体的左右下边梁上，外筒和外箱体通过挂簧和减振器连接在一起（见图4—39）。洗衣机工作时产生的振动将通过弹簧衰减，因此洗衣机工作时有足够的稳定性。

图4—39　减振器与箱体连接

（2）减振器

滚筒洗衣机空气阻尼减振器是一种新型的洗衣机减振器。它的外形紧凑，结构合理，采用高精度金属筒壳与聚氨酯发泡阻尼片结合加以适量的高性能阻尼脂，利用空气增减压及过滤摩擦阻尼来实现减振要求，如图4—40所示。空气阻尼减振器在滚筒洗衣机上的使用，使整机的性能有明显提高，减振效果明显改善，延长了使用寿命。

阻尼片是空气阻尼减振器的关键部件之一。阻尼片的硬度、弹性、厚度等综合参数直接决定着空气阻尼减振器的性能。

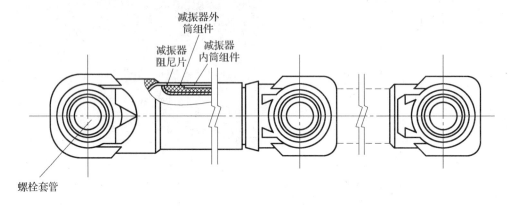

图4—40 减振器结构

阻尼脂是空气阻尼减振器的关键配料，阻尼脂性能的高低直接决定着减振器的性能指标及产品的使用寿命。空气阻尼减振器对阻尼脂的性能指标提出了较为苛刻的要求，它必须具备好的粘温性和凝点，才能确保良好的机械稳定性和胶体稳定性，并且要具备良好的抗氧化稳定性、良好的减振、防锈、防水、抗盐雾及优良的低噪声特性，以保证在工作温度下即能起到润滑、减磨密封、阻尼作用，又具有减振、防锈、降低噪声、工作平稳、延长使用寿命的功能。

（3）挂簧

挂簧由弹簧钢丝制成（见图4—41）。表面经发蓝或电镀处理，弹簧的螺旋圈数、直径及钢丝粗细决定了挂簧弹力的大小，其值应与减振器配套使用，以降低洗衣机的振动和噪声。

图4—41 挂簧

二、家用电动器具平衡件结构及工作原理

1. 波轮全自动洗衣机的平衡部件——平衡环

波轮全自动洗衣机的脱水桶由于制造和装配上的误差，桶内衣物放置的不均匀将产生质量不平衡，往往会使脱水桶的质量中心与转动中心不同心而产生不平衡，从而使脱水桶发生振动。为了防止脱水桶不平衡振动，在脱水桶上口设置了平衡环。平衡

环是上、下两部分熔敷后胶合而成的塑料空心环，空心环内密封着约 1 250 g 浓度为 24％的盐水作为平衡液，平衡环内设置有挡板，用于控制盐水的流动。

平衡环是用陀螺仪的原理来进行平衡的，如图 4—42 所示。当脱水桶内无负载而又不转动时，平衡液分布在平衡环的下部。当脱水桶内存放衣物而又不均匀时，平衡液向偏置的一侧流动，于是脱水桶更加歪斜。进行脱水时，平衡环与脱水桶一起放置，平衡液受离心力的作用在平衡环内呈圆形分布，并向洗涤物偏斜的相反方向集中，使衣物的不平衡质量所产生的离心力与平衡液偏置质量所产生的离心力方向相反，两个离心力相互抵消，逐渐达到平衡，从而消除脱水时的振动和噪声。

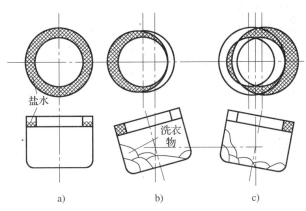

图 4—42　平衡环的平衡过程

a）静止状态　b）脱水状态　c）平衡状态

2. 滚筒洗衣机的平衡部件——配重块

滚筒洗衣机的外筒上固定有前配重块和上配重块。前配重块固定在外筒前端盖上，上配重块是一长方形结构，它固定在外筒的上方，如图 4—43 所示。

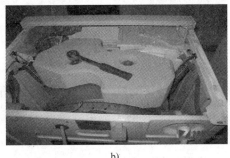

a）　　　　　　　　　　　　　b）

图 4—43　滚筒洗衣机配重块

a）前配重块　b）上配重块

加装配重块有两个作用：一是增加外筒的质量，这样做可以减少衣物偏心时所产生的振动和对外筒的影响，保持相对的稳定。二是将外筒配平衡。外筒上安装了电动机等电器件，且内筒在工作时衣物不可能完全平衡，不平衡就会产生振动。由于内筒和外筒已装成一体，因此外筒也将产生振动。外筒振动最理想的状态是外筒的重心与其几何中心重合，配重块的作用就是使外筒的重心移到几何中心上，并使悬挂外筒的四根挂簧和两只支撑减振器受力均匀，以减少振动和噪声。

 **技能要求**

检查、更换波轮全自动洗衣机减振部件

一、操作准备

旋具、润滑油、减振部件。

二、操作步骤

1. 检查

步骤 1   水平性检查

打开机盖，观察洗涤脱水桶是否保持水平，四根减振吊杆组件安装是否可靠。

步骤 2   减振检查

用手把洗涤脱水桶往下压，然后放开，看减振吊杆组件的阻尼是否良好，有没有异响出现，洗涤脱水桶的上下动作是否顺畅。

步骤 3   运行检查

可以选择脱水程序，检查整机的脱水振动情况，看有没有发出橡胶与塑料干摩擦的声音。当整机脱水时，若发出橡胶与塑料干摩擦的声音，说明减振吊杆组件中吊杆弹簧套与滑动皮碗之间干摩擦磨损。

2. 更换

步骤 1   拆卸控盘座，卸下减振部件

步骤 2   在滑动皮碗与吊杆弹簧套配合处加润滑油

步骤 3   如果步骤 2 无效，更换阻尼胶碗与吊杆弹簧套或者更换相同的减振部件

步骤 4   将减振部件的下端与外桶底部相连，将减振部件上端的吊杆座挂在箱体四角部位

步骤 5   安装好控制盘座

三、注意事项

1. 减振部件的四个吊杆组件不能用错方向，黄色吊杆组件放在电动机一侧，

白色吊杆组件放在排水阀一侧。

2. 更换减振部件时，注意保护外桶部件不能碰损。

第6节 检修其他专用部件

 学习目标

➤ 熟悉家用电动电热器具水阀的工作原理和结构

➤ 掌握检查、更换家用电动电热器具水阀的操作方法

 知识要求

一、家用电动电热器具水阀的分类

家用洗衣机中的进水阀多为电磁阀。电磁阀按主体结构分为直体（进水和出水轴线在一条直线上）和弯体（进水和出水轴线相互垂直）两种，如图4—44所示。

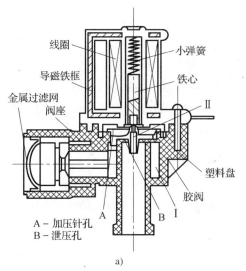

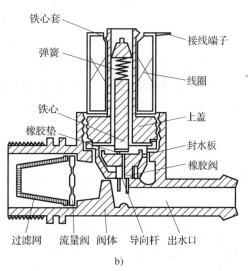

图4—44 进水电磁阀

a）弯体结构 b）直体结构

电磁阀按出水口数一般分为单阀、双阀、三阀。

二、家用电动电热器具水阀工作原理

电磁进水阀由电磁线圈、橡胶阀、移动钢芯（阀芯）、阀芯弹簧、膜片、隔水套、过滤网等组成（见图 4—45）。橡胶阀既能封闭阀门又能作为线圈和阀体的密封橡胶，其上装有一个塑料盘，盘上有一大一小两个孔，中间位置的孔称为泄压孔，旁边位置的孔称为加压孔。过滤网接进水管起过滤水源的作用。进水速度由自来水水压的大小决定。

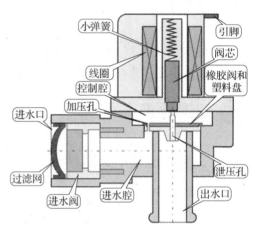

a)   b)

图 4—45　弯体式电磁阀结构图

a）电磁阀外形　b）电磁阀结构

橡胶阀与阀体中间的水管口紧密接触时将阀体内空间分隔成两个腔，一个腔与进水口相通称进水腔，另一个与出水口相通称出水腔。橡胶阀与骨架包围的腔称控制腔。当电磁进水阀关闭时，加压孔是唯一连通进水腔和控制腔的通道。

进水腔内有一个过滤网和一个流量垫。过滤网是为了过滤自来水中颗粒状杂质，流量垫对进水流量起着限流、稳流的作用。

电磁阀工作原理如图 4—46 所示。在不通电的状态下，阀芯受小弹簧的作用向下压，正好压住橡胶阀和塑料盘上的泄压孔。

当电磁线圈通电时，在其周围产生磁场，在磁力的作用下，阀芯被吸进线圈骨架中心孔内，泄压孔被打开，由于水的压力，橡胶膜片被顶开，阀被打开，水从电磁进水阀中通过。断电后，阀芯在重力和弹簧力作用下，阀芯端部的橡胶头堵住橡

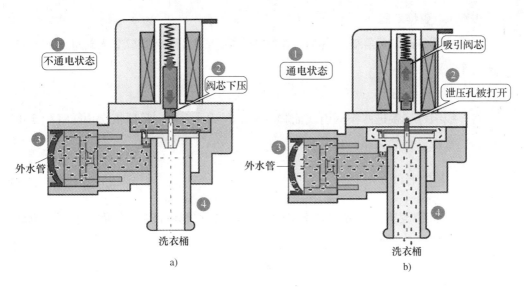

图 4—46　电磁阀工作原理示意图

a）不通电　b）通电

胶阀上塑料盘中的泄压孔，电磁进水阀关闭，停止进水。

　　电磁进水阀进水有两个条件：一是有电，二是有一定的自来水压力，压力一般为 0.05～1 MPa。

 技能要求

检查、更换波轮全自动洗衣机电磁进水阀

一、操作准备

旋具、胶壶、电吹风、电磁阀、连接管、万用表等。

二、操作步骤

步骤 1　拆卸控制盘座

旋出固定洗衣机控制盘座与箱体的四枚螺钉，使控制盘座处于 90°位置。

步骤 2　旋出固定控制盘座里面挡水板的六枚螺钉

步骤 3　旋出固定进水阀的两枚螺钉，拔出连接进水阀的两引线插脚

步骤 4　取下进水阀，用电吹风对准进水阀与连接管的接合处，使之分离

步骤 5　检查电磁阀

电磁阀的电阻值为 3～5 kΩ，用万用表检测判断出电磁阀是否有故障。

步骤6　更换新阀

待连接管口冷却后在管口内均匀涂抹少量黏结剂，然后管口套入新进水阀，确保插接牢靠到位。

步骤7　连线固定

将导线组件连接进水阀的引线插脚与进水阀插片插接，最后依次用螺钉固定电磁阀、挡水板、控制盘座。

三、注意事项

1. 打开控制盘座并放置时，不得使劲拉，以免损坏控制盘座及线束等内部连线，不得损坏安全开关。

2. 拔出进水阀引线插脚时，不得损伤引线插脚。

3. 分离进水阀与连接管时，电吹风不能一直对着吹，否则容易损坏连接管。

4. 将新的进水阀插入到连接管时，应套入到位，并应注意方向，不要使连接管扭曲。

第7节　交付使用

 学习目标

➤ 了解家用电动电热器具检修维护成本核算知识

➤ 了解家用电动电热器具的正确使用方法

➤ 能对顾客说明检修维护情况及费用

➤ 能为顾客说明家用电动电热器具的使用注意事项

 知识要求

家用电动电热器具检修维护完成后，在将机器交付给用户时，应将检修维护的情况向用户做出说明，包括对机器故障原因、维修过程、维修费用等内容的简要说明。为了帮助用户正确操作使用机器，还应为顾客说明家用电动电热器具的正确使用方法及注意事项。

一、家用电动电热器具的维修费用

家用电动电热器具的维修费用及说明与前述家用制冷器具、家用空调器具的情况相同，此处不再详述。

二、家用电动电热器具的正确使用

以家用全自动波轮洗衣机及家用热水器为例，介绍其正确使用方法。

1. 波轮全自动洗衣机的使用方法

（1）检查洗衣机是否放置平稳，若不平稳应进行调整，并保持与墙壁和其他物品间隔 5 cm 以上。

（2）使用前必须认真阅读产品说明书，了解其基本操作方法。

（3）洗涤物整理。应按布质、颜色、脏污程度分类，分批洗涤，对于高级衣物应查看标签，看是否可以水洗，然后再投放洗涤。洗涤前应清除衣袋内的杂物，对于小金属物件若有破损应取下，衣物的拉链要拉上，防止损坏洗衣机。对于有泥沙的衣物应先除去泥沙，再投入洗衣桶内。

（4）插上电源插头，放下或接好排水管，打开自来水龙头。

（5）按说明将洗衣粉及添加剂（软化剂、柔顺剂）投入洗衣机内，并将机盖关上。

（6）按下电源开关，根据所洗涤的衣物选择好水位，并根据洗涤物的质量和脏污程度，选择好洗涤程序。

（7）按下"暂停/开始"按钮，洗衣机开始工作。

（8）所选择的程序结束后，洗衣机会自动发出提示音，洗衣机停止工作。

（9）关闭电源开关，拔下电源插头，关闭自来水龙头，然后打开上盖，取出洗涤物。

（10）清除线屑过滤网袋中的线屑、绒毛和杂物，并用软布将洗衣机擦干。

2. 电热水器的使用注意事项

（1）首次使用或维修清洗后的第一次使用必须先将热水器注满水再接通电源。

（2）热水器使用的电源线径，必须符合热水器额定电流值的要求。

（3）电源插座必须有可靠的接地线。

（4）严禁湿手拔电源插头，长期不用时应拔下电源插头。

（5）安全阀不得自行调整其泄压压力。

（6）若要在安全阀的泄压口接排泄管，排泄管口必须朝下，并保持与大气相通。

（7）冬天，热水器若长期不用，应将内胆里的水排空，以免结冰损坏内胆，注意：排空前务必切断电源。

（8）热水器最高温度可达75℃以上，用水前应先试水温，以免烫伤。

（9）不同地区水源的水质及硬度不同，应定期将热水器内的水排空，清洗、除垢。

（10）清洗外壳，不要用水直接喷洒，应先断电，用柔软的湿布轻轻擦拭，然后用干布抹干。

（11）打雷时，最好不要使用热水器。

 **技能要求**

家用电动电热器具交付使用

一、维修情况说明

家用电动电热器具维修完成后，交付给用户时，应向用户简要说明本次维修的情况，包括故障现象、原因分析、故障维修（零件更换情况）、维修费用等内容。

二、填报家用电动电热器具维护的各项费用

按照国家规定，在三包有效期内，除因消费者使用保管不当致使产品不能正常使用外，由修理者免费修理（包括材料费和工时费）。对于超过保修期的维修要求，应向客户说明产品超出了三包期限，需要收费维修。

下面以洗衣机为例具体说明维修收费的流程：

1. 首先确认该机是否属于保修期内的产品，若是保修期内的产品，应按保修期内的有关条款执行；若是保修期外的产品，应先向用户讲明，出示收费标准，征得用户同意后，方可进行检修。

2. 保修期内、外的确定应以用户购机发票的日期为准，如用户丢失发票，则以产品的生产日期后延三个月计算。

3. 维修时首先检查判断机器的故障，确定维修项目，判断要准确，检查要认真、仔细。

4. 向用户讲明所需的维修项目及需要换部件的明细，对照收费标准和零部件价格表，确定维修项目，用户同意后进行维修。

5. 维修过程中应实事求是，不得更换没有损坏的部件。

6. 维修完毕后，必须填写《保修记录单》，记录单中填写的项目应完整无缺，并有用户签字认可。

7. 收款时，向用户提供发票或专用收据，如果用户要求提供发票，则必须向用户提供发票，而不能用收据代替。

8. 因备件的替代或更新，维修时的备件收费价格以所更换新备件为准。

三、说明使用方法及注意事项

家用电动电热器具在维修后给用户送回，如果不给用户调试合适或咨询不到位，很容易出现用户因不理解再次报修，造成不必要的上门，为此要求给用户送回修好的洗衣机、热水器等时必须进行调试和说明，按前述操作方法为用户详细讲解，并应提示用户各注意事项。下面以洗衣机为例，需提醒用户在使用过程中的注意事项如下：

1. 洗衣机必须安装平稳。洗衣机应放置在干燥通风的地方，不得靠近热源，也不得将重的物品放在洗衣机的盖板上，以防损坏洗衣机。

2. 投放洗衣粉，不可过多，以免造成漂洗不净。

3. 当进行"洗涤"或"漂洗"程序时，进水不到设定水位，波轮不会运转，此为正常现象，不要进行误操作。洗衣机在无水状态下，不得长时间运行。

4. 洗衣机运转时，不可用手接触桶体，以免将手卷入，也不得将木棒伸入机内，以免发生危险。不得洗涤或脱水含有酒精、溶剂等挥发性物质的衣物，以免发生事故。

5. 采用热水洗涤时，水温不得超过 50℃，并注意不能让水溅湿控制板，以免造成电气元件损坏。

6. 在脱水时，用户必须将机盖关上，确保安全。脱水完成后，等脱水桶停止运转后，方可打开机门。

7. 微型计算机自动洗衣机具有脱水不平衡修正功能，在出现脱水不平衡时，可以对不平衡修正两次，若第二次修正还不平衡，将会停机并报警。此时应人工打开机盖，将桶内的衣物置放均匀，再关上机盖，按"暂停/开始"按钮，洗衣机将正常运行。

8. 每次洗涤完毕后，应清理过滤网中的线头、毛絮等杂物。